科学新导向丛书

U0632125

气象新知：
做个天气预报员

姜忠喆◎编著

成都时代出版社

图书在版编目(CIP)数据

气象新知:做个天气预报员/姜忠喆编著. —成
都:成都时代出版社,2013.8(2018.8 重印)
(科学新导向丛书)
ISBN 978—7—5464—0915—3

Ⅰ.①气…　Ⅱ.①姜…　Ⅲ.①气象学—青年读物②气
象学—少年读物　Ⅳ.①P4—49

中国版本图书馆 CIP 数据核字(2013)第 140157 号

气象新知:做个天气预报员

QIXIANGXINZHI:ZUOGE TIANQI YUBAOYUAN

姜忠喆　编著

出 品 人　石碧川
责任编辑　陈余齐
责任校对　李茜蕾
装帧设计　映象视觉
责任印制　唐莹莹

出版发行　成都时代出版社
电　　话　(028)86621237(编辑部)
　　　　　(028)86615250(发行部)
网　　址　www.chengdusd.com
印　　刷　北京一鑫印务有限责任公司
规　　格　690mm×960mm　1/16
印　　张　14
字　　数　220 千
版　　次　2013 年 8 月第 1 版
印　　次　2018 年 8 月第 2 次印刷
书　　号　ISBN 978—7—5464—0915—3
定　　价　29.80 元

前　言

　　提起"科学"，不少人可能会认为它是科学家的专利，普通人只能"可望而不可即"。其实，科学并不高深莫测，科学早已渗入到我们的日常生活，并无时无刻不在影响和改变着我们的生活。无论是仰望星空、俯视大地，还是近观我们周围事物，都处处可以发现有科学之原理蕴于其中。即使是一些司空见惯的现象，其中也往往蕴涵深奥的科学知识。科学史上的许多大发明大发现，也都是从微不足道的小现象中生发而来：牛顿从苹果落地撩起万有引力的神秘面纱；魏格纳从墙上地图发现海陆分布的形成；阿基米德从洗澡时的溢水现象中获得了研究浮力与密度问题的启发；瓦特从烧开水的水壶冒出的白雾中获得了改进蒸汽机性能的办法；而大名鼎鼎的科学家伽利略从观察吊灯的晃动，发现了钟摆的等时性……所以说，科学就在你我身边。一位哲人曾说："我们身边并不是缺少创新的事物，而是缺少发现可创新的眼睛。"只要我们具备了一双"慧眼"，就会发现在我们的生活中科学真是无处不在。然而，在课堂上，在书本上，科学不时被一大堆公式和符号所掩盖，难免让人觉得枯燥和乏味，科学的光芒被掩盖，有趣的科学失去了它应有的魅力。常言道，兴趣是最好的老师，只有培养起同学们对科学的兴趣，才能激发他们探索未知科学世界的热忱和勇气。

　　科学是人类进步的第一推动力，而科学知识的普及则是实现这一推动的必由之路。在新的时代，社会的进步、科技的发展、人们生活水平的不断提高，为我们青少年的科普教育提供了新的契机。抓住这个契机，大力普及科学知识，传播科学精神，提高青少年的科学素质，是我们全社会的重要课题。

　　《科学新导向丛书》内容包括浩瀚无涯的宇宙、多姿多彩的地球奥秘、日新月异的交通工具、稀奇古怪的生物世界、惊世震俗的科学技术、源远流长的建筑文化、威力惊人的军事武器……丛书将带领我们一起领略人类惊人的智慧，走进异彩纷呈的科学世界！

丛书采用通俗易懂的文字来表述科学，用精美逼真的图片来阐述原理，介绍大家最想知道的、最需要知道的科学知识。这套丛书理念先进，内容设计安排合理，读来引人入胜、诱人深思，尤其能培养科学探索的兴趣和科学探索能力，甚至在培养人文素质方面也是极为难得的中学生课外读物。

天气的变化影响到了我们每一个人，也许你还不明白其中的道理，打开这本《气象新知：做个天气预报员》，你将会了解到有关天气的许多奥秘。本书涵盖了大部分学科领域，既突出趣味性，又兼顾知识的系统性和全面性，把复杂的科学知识用简明、通俗的语言加以描述或说明，深入浅出，配有大量和正文匹配的图片或示意图，让版面更活泼、阅读更有趣、学习更轻松。

阅读本丛书，你会发现原来有趣的科学原理就在我们的身边！

阅读本丛书，你会发现学习科学、汲取知识原来也可以这样轻松！

今天，人类已经进入了新的知识经济时代。青少年朋友是 21 世纪的栋梁，是国家的未来、民族的希望，学好科学是时代赋予我们的神圣使命。我们希望这套丛书能够激发同学们学习科学的兴趣，消除对科学冷漠疏离的态度，树立起正确的科学观，为学好科学、用好科学打下坚实的基础！

目　　录

第一章　气象常识

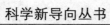

第二章　二十四节气

第三章　根据天象判天气

第一章

气象常识

大气的分层

地球的外衣——大气层

在茫茫宇宙中，很多星球上面都没能探测到生命的迹象，而地球上却风起云涌、五彩斑斓，生活着各种各样的动植物，你知道这是什么原因？原因当然有很多，但其中一个非常重要的因素，就是地球表面有一层将自己包裹得严严实实的大气层。

大气的含义及形式

大气，就是包裹在地球外部的空气，它的总厚度可达 1000 千米。

世间万物都有着自身产生和发展的过程，大气也不例外。大气是伴随着地球的形成而逐渐其产生和成长的。

在地球形成的初期，地球内部和表面都有空气。在与地球一起成长的数十亿年中，随着地球温度的变化、引力的作用以及动植物的出现，大气便逐渐衍变出现在这样以水汽、氮、二氧化碳和氧为主要成分的情况。

大气分层

在晴朗的白天，我们抬头仰望天空，用肉眼看到的只是白茫茫的一片。那么，大气是不是就是我们平常所看到的这样，只是地球一层看不见的外衣呢？

其实，大气是有分层的，而且不同的层之间的特性有着不小的差异。大气的分层有很多依据，人们根据不同的依据提出了不同的分法。比如，分为均质层和非均质层，分为电离层（能反射无线电短波）和中性层（又叫非电离层）。

大气云层

世界气象组织按照整个大气层的成分、温度、密度等性质在垂直方向的变化，将大气层分为对流层、平流层、中间层、热层和外层。

对流层是最接近地面的一层，高度因纬度不同而不同，低纬度地区平均 17 ~ 18 千米，中纬度地区平均 10 ~ 12 千米，极地平均 8 ~ 9 千米。平均温度在 17℃至 −52℃之间，也是受人类影响最大的一层。

平流层在对流层顶部，直到高于海平面 50 ~ 55 千米的这一层，平均温度在零下 3℃左右。

中间层在平流层顶部以上至距地球表面 85 千米处，平均温度约在零下 83℃。

热层又名电离层，位于中间层顶部到距地面 70 千米～500 千米的大气层，温度很高，地球电离层部分区域温度即已高达 1200℃。

热层以上的部分称为外层大气。

对流层——大气层中最为活跃的一层

为什么说对流层是大气层中最为活跃的一层？因为对流层是最贴近地面的一层大气，整个大气层的 3/4 和几乎全部的固体杂质和水汽都集中在这一层，并且它的平均厚度高达 12 千米。

在这一层中，受地表影响，气温、湿度等气象要素水平分布不均，从而使得这一层中存在着强烈的垂直对流作用和较大的水平运动。雨、雪、风、霜、雷电等天气现象都发生在这一层。因此这一层是大气中最活跃的。

无处不在的压力——气压

什么是气压？

气压的存在最初是由著名的马德堡半球实验证明的。大气压强简称气压，气压是指作用在单位面积上的大气压力，即等于单位面积上向上延伸到大气上界的垂直空气柱的重量。气压的国际制单位是帕斯卡，简称帕，符号是 Pa。

气压与天气的关系

气压跟天气有密切的关系。一般来说，地面上高气压的地区往往是晴天，地面上低气压的地区往往是阴雨天。这里所说的高气压和低气压是相对而言的，不是指大气压的绝对值。某地区的气压比周围地区的气压高，就叫作高气压地区；某地区的气压比周围地区的气压低，就叫作低气压地区。

气压造就了风的形成

风的形成和气压是密切相关的，气压表的发明证明空气因为有重量所以有压力，这为人们寻找风的奥秘提供了依据。是大气由高气压区流向低气压区的力叫水平气压梯度力。水平气压梯度力垂直于等压线，指向低压。而大气由高气压区向低气压区作水平运动，就形成了风。

长久以来，人们一直探究气压与风的关系，总结出一套比较完整的关于风的理论。风朝什么地方吹？为什么风有时候刮起来特别迅猛有劲，而有时候却懒散无力，这完全是由气压高低、气温冷暖等大气内部矛盾运动的客观规律支配的。人们根所这些客观规律来解释风的起因，预测风的行踪。

世界主要气压区

　　世界上几大主要的气压区有亚洲低压、阿留申低压、夏威夷高压等。

　　亚洲低压又称"印度低压"，是亚洲大陆夏季大气活动中心之一。夏季整个亚洲以及北非均受其控制，它的中心位置在印度半岛西北部，它有两个低压槽，一个低压槽伸向我国东北及西伯利亚东部，另一个低压槽向西伸向北非。由于印度低压的存在，夏季亚洲南部的西南季节变强，从而对我国东部

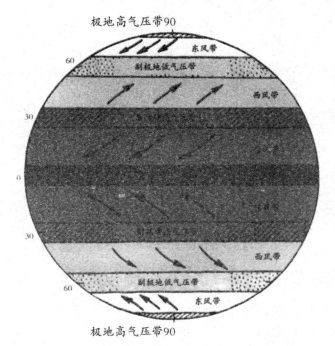

地球上的气压带和风带

东南季风产生影响。然而冬半年亚洲低压完全消失。

  阿留申低压主要是因为冬季位于阿留申群岛地区的大范围低气压（气旋）中心，夏季向北移形成的。北半球的副极地低压带便是由阿留申低压和冰岛低压组成的。阿留申低压是极地海洋气团的源地，这种气团影响美国西部的气候。

  夏威夷高压实际上是全球副热带高气压的一个部分。夏威夷高压是由北半球的副热带高气压带夏季被大陆的热低压截断，保留在太平洋上的那部分高压。夏威夷高压有时分成东西两个，西面这个为西太平洋副热带高压，对我国的天气和气候影响很大。

大气的成分

大气的研究及组成

我国关于大气的研究最早的是古代思想家老子。他认为万物是由阴、阳二气化生而成，阳气轻，在上，为天；阴气重，在下，为地。而西方的亚里士多德则认为，自然界是由火、气、水、土四种最基本的物质元素所组成。然而，直到近代人类才发现，自然环境中的大气是由干洁空气、水汽和多种悬浮颗粒物质所组成的混合物，并且，大气大致分为恒定组分、可变组分和不定组分三种类型。

干洁空气的组成

干洁空气一般都存在于对流层中，它主要是由氮气和氧气两种气体组成，其余是氩、二氧化碳和许多微量气体。

氮气在常温下不活泼，人、动物和许多微生物都不能直接利用它，但植物却离不开它。氧气是人类、动物和许多微生物新陈代谢不能缺少的气体成分。

大气中的其他微量气体，对人和环境一般没有什么影响。但有些微量成分含量虽少，作用却不小。如臭氧，虽然它的含量甚微，仅有十万分之几，但它能强烈地吸收太阳紫外线，使地面上的生物免遭杀伤。研究表明，接触适量的紫外线能杀菌防病、促进钙的吸收和利用，有利于健康。

水汽的相变效应

大气中的水汽来源于水面、潮湿物体表面、植物叶面的蒸发。由于大气温度远低于水面的沸点，因而水在大气中有相变效应。

据观测，在1.5~2千米高度，大气中的水汽含量已减少到地面的1/2；在5千米高度处，减到地面的1/10；再向上，含量就更少了。空气中的水汽可以发生气态、液态和固态三相转化，如常见的云、雨、雪等天气变化，都是水汽发生相变的现象。水汽能强烈地吸收地表发出的长波辐射，也能放出长波辐射，水汽的蒸发和凝结又能吸收和放出潜热，这都直接影响到地面和空气的温度，影响到大气的运动和变化。水汽含量在大气中变化很大，是天气变化的主要角色，云、雾、雨、雪、霜、露等都是水汽的各种形态。

悬浮颗粒物质

大气中的悬浮颗粒物质有烟尘、尘埃、盐粒等，它们的半径一般在10.2~10.8微米，多分布于低层大气中。烟尘主要来自人类生产、生活方面的燃烧。尘埃主要是由于中地质松散微粒被风吹扬而进入大气层中，另外还有火山爆发后产生的火山灰、流星燃烧的灰烬都会形成大气中的尘埃。盐粒主要是海洋波浪溅入大气的水滴经蒸发后形成的。

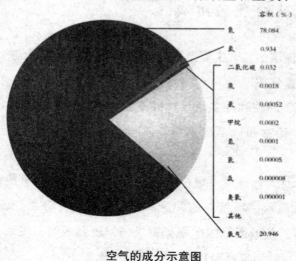

	容积（％）
氮	78.084
氩	0.934
二氧化碳	0.032
氖	0.0018
氦	0.00052
甲烷	0.0002
氪	0.0001
氢	0.00005
氙	0.000008
臭氧	0.000001
其他	
氧气	20.946

空气的成分示意图

一般来说，大气中的固体杂质含量在陆地上空多于海洋上空，城市多于农村，冬季多于夏季，白天多于夜间，愈接近地面愈多，固体杂质在大气中能充当水汽凝结的核心，对云雨的形成起着重要作用。

大气污染物

人类活动所产生的某些有害颗粒物和废气进入大气层，给大气增添了多种外来组分。这些外来组分称为大气污染物，可分为两类：一类是颗粒物，如煤烟、煤尘、水泥、金属粉尘等；另一类是部分有害气体。

气旋和反气旋

气旋、反气旋对天气的影响

气旋、反气旋的形成和移动对广大地区的天气有很大影响。在气旋区里，由于气流自外向内辐合汇集，气流挟带着地面空气层中的水汽上升，到高空冷却凝结，形成云雨。所以，气旋区内的天气一般都是阴雨天气。在反气旋区里，气流自内向外辐散，盛行下沉气流，一般都为晴好天气。分析和预报气旋和反气旋的发生、发展、移动和变化，是天气预报的重要内容。

气旋的含义及过境影响

气旋是指某个半球大气中水平气流呈一定方向旋转的大型涡漩。在同高度上，气旋中心的气压比四周低，又称低压。气旋的形状近似于圆形或椭圆

气旋

形，大小悬殊。小气旋的水平尺度为几百千米，大的气旋水平尺度可达3 000~4 000千米，属天气尺度天气系统。

由于气流从四面八方流入气旋中心，中心气流被迫上升。所以，当气旋过境时，云量增多，常出现阴雨天气，有时甚至会造成暴雨、雷雨、大风天气。

反气旋对季节的影响

反气旋是指中心气压比四周气压高的水平空气涡旋。由于反气旋中的空气向四周辐散，形成下沉气流。因此，在反气旋控制下的地方，一般天气都比较好。冬季多晴冷低温天气，夏季多晴热高温天气，春秋两季多风和日丽、秋高气爽的天气。

在副热带高压控制下，天气一般以晴朗为主。我国东部处在北太平洋副热带高压西侧，夏季北太平洋副热带高压西逐步向西向北扩展，以东南风向我国东部输送水汽，是我国东部降水的重要水汽来源之一，夏季江淮流域的大雨与北太平洋副热带高压密切相关。盛夏时，如副热带高压脊伸展到江淮地区，脊上的下沉气流使水汽难以凝结成云，反而出现酷热无雨的伏旱天气。

气象的主要观测项目

大气现象

大气现象简称气象，是指发生在天空中的风、云、雨、雪、霜、露、虹、晕、闪电、打雷等一切大气的物理现象。气象观测的项目主要有气温、湿度、地温、风向、风速、降水、日照、气压、天气现象等。

气温的观测

气温就是空气的温度，我国以摄氏温标"℃"表示。天气预报中所说的气温，一般指在野外空气流通、不受太阳直射下测得的空气温度。

气象部门所说的地面气温，就是指高地面约 1.5 米处百叶箱中的温度。因为温度表本身吸收太阳热量的能力比空气大，在太阳光直接曝晒下指示的读数往往高于它周围空气的实际温度，所以测量近地面空气温度时，通常都把温度表放在离地约 1.5 米处四面通风的百叶箱里。

一般一天观测 4 次（2、8、14、20 四个时次），部分观测站根据实际情况，一天观测 3 次（8、14、20 三个时次）。气象台站用来测量近地面空气温度的主要仪器是装有水银或酒精的玻璃管温度表。

最高气温是一日内气温的最高值，一般出现在午后 14～15 时，最低气温一般出现在早晨 5～6 时。

湿度的观测

湿度是表示空气中水汽含量和湿润程度，一般由气象观测站根据百叶箱中的干湿度球温度表和温度计等代器测定，此时的百叶箱安装是距离地面

1. 25～2. 00 米高。

湿度有三种基本形式，分别是水汽压、相对湿度、露点温度。水汽压（曾称为绝对湿度）表示空气中水汽部分的压力，单位是百帕（hPa），取小数一位；相对湿度用空气中实际水汽压与当时气温下的饱和水汽压之比的百分数表示，取整数；露点温度是指空气中水汽含量和气压不变的条件下冷却达到饱和时的温度，单位用摄氏度（℃）表示，取小数一位。

地温的观测

地温就是指地表面以下土壤浅层（距地表面 5、10、15、20 厘米）和深层（距地表面 40、80、160、320 厘米）的温度。土壤中各层温度随时间波动而变化，以地表温度的波动振幅最大，随着深度的增加而振幅减小，同时最高、最低温度出现的时间也随深度的增加而延后。

一般来说，因地温表测定地温。我国气象部门规定：测定浅层各深度的地中温度采用曲管地温表，而测定较深层的地下温度则采用直管地温表。

风向的观测

风是空气的水平运动，一般用风向和风速表示。风资料是重要的气象资料之一。除静风外，风向是指风来的方向，用 16 方位表示。风速是指空气所经过的距离与经过的距离所需时间的比值，风速的单位一般用米/秒表示。

测量风向和风速有专门的仪器。测定的项目有平均风速和最多风向。有的仪器还有自记功能，对风向风速连续记录并进行整理。

天气变化

什么是天气

　　我们常说的天气是一定区域短时间段内的大气状态及其变化的总称。它不仅是一定时间和空间内的大气状态，也是大气状态在一定时间间隔内的连续变化，因此天气也可以理解为天气现象和天气过程的统称。天气现象是指发生在大气中发生的各种自然现象，即某瞬时内大气中各种气象要素（如气温、气压、湿度、风、云、雾、雨、雪、霜、雷、雹等）空间分布的综合表现。天气过程就是一定地区的天气现象随时间的变化而变化的一种过程。

气温和冷暖

　　气温变化分为日变化和年变化两种类型。从日变化来说，最高气温是

阴天

下午 2 点左右，最低气温是日出前后。而从年变化来看，北半球陆地上 7 月份最热，海洋上 8 月份最热；南半球与北半球恰好相反。气温一般从低纬度向高纬度递减，因此等温线与纬线大体上平行。同纬度陆地海洋的气温是不同的。夏季等温线陆地上向高纬方向凸出，海洋向低纬方向凸出，冬季相反。

降水形成的过程

水汽在上升过程中，因周围气压逐渐降低，体积膨胀，温度降低而逐渐变为细小的水滴或冰晶飘浮在空中形成云。当云滴增大到能克服空气的阻力和上升气流的顶托，且在降落时不被蒸发掉才能形成降水。水汽分子在云滴表面上的凝聚，大大小小的云滴不断运动、合并，使云滴一直凝结而增大。云滴增大为雨滴、雪花或其他降水物，最后降至地面，从而形成降水。

雨天

气象生活指数

　　一般来说的气象生活指数就是指中暑指数、紫外线指数、心情指数、约会指数、感冒指数、穿衣指数、晨练指数等。了解了上述指数后，再根据气象决定我们的生活工作习惯，才会更有利于提高我们学习工作的效率，避免做一些无用功，总之，可以说这些气象生活指数和我们的生活息息相关。

类型多样的气候

多种多样的气候类型

因为各地地理位置的不同从而形成了各种各样的气候，而这些气候的形成主要是由于热量的变化而引起的。它不仅是地球上某一地区多年时段大气的一般状态，也是该时段各种天气过程的综合表现。由于热量与水分结合状况有所不同，或水分季节分配不同，或有巨大的山地、高原存在，有的同一个气候带内其内部气候仍有一定差异，可进一步划分若干气候类型。下面简单列举的部分常见气候。

热带季风气候

热带季风气候主要分布在我国台湾南部、雷州半岛、海南岛，以及中南半岛、印度半岛的大部分地区和菲律宾群岛；此外，在澳大利亚大陆北部沿海地带也有分布。这些地区全年气温皆高，年平均气温在20℃以上，最冷月的气温也在18℃以上。年降水量大，集中在夏季，这是由于夏季在赤道海洋气团控制下，多对流雨，再加上热带气旋过境带来大量降水，因此造成比热带干湿季气候更多的夏雨；因地形作用，在一些迎风海岸，夏季降水甚至超过赤道多雨气候区，年降水量一般在1500～2000毫米以上。这些地区热带季风发达，有明显的干湿季。即在北半球冬季吹东北风，形成干季；夏季吹来自印度洋的西南风（南半球为西北风），水气充足，降水集中，形成湿季。

热带沙漠气候

亚热带沙漠气候

亚热带沙漠气候也称亚热带大陆性干旱与半干旱气候，主要分布在亚热带大陆的内部，包括西亚的伊朗高原和安纳托利高原、美国西部的内陆高原以及南美的格栏查科等地。亚热带沙漠干旱气候的形成是由于深居内陆距海远或因有山地阻挡，湿润的气流难以到达，并且这些地区地处亚热带，夏季高温，冬季温和。这些地区的土壤属于半荒漠的淡棕色土。植被类型属于荒漠草原，通常生长有旱生灌木及禾本科植物，半干旱气候属于由干旱气候向其他气候的过渡类型。

温带季风气候

温带季风气候出现在北纬 35°～55° 左右的亚欧大陆东岸，包括我国华北和东北、朝鲜的大部、日本的北部以及俄罗斯远东地区的一部分。冬季这些地区受来自高纬内陆偏北风的影响，盛行极地大陆气团，寒冷干燥；夏季受极地海洋气团或变性热带海洋气团影响，盛行东风和东南风，暖热多雨，雨热同季。年降水量 1000 毫米左右，约有三分之二集中于夏季。全年四季分明，天气多变，随着纬度的增高，冬、夏气温变幅相应增大，而降水逐渐减少。

温带大陆性气候

温带大陆性湿润气候分布在北纬 35°～55° 之间的北美大陆东部（西经

温带大陆性湿润气候

100°以东）和亚欧大陆温带海洋性气候区的东侧。这种气候在气温、降水的变化上同温带季风气候有些类似，但风向和风力的季节变化不像温带季风气候那样明显。冬季由于气旋活动影响，降水稍多；夏季有对流雨，但夏雨集中程度不像温带季风气候那样显著。天气的非周期性变化也很大。

极地苔原气候

极地苔原气候（长寒气候）分布在北美大陆和亚欧大陆的北部边缘（南以最热月10℃等温线与亚寒带大陆性气候相接）、格陵兰岛沿海的一部分及北冰洋中的若干岛屿；在南半球则分布在马尔维纳斯群岛、南设得兰群岛和南奥克尼群岛等地。其特征是：终年皆冬，一年中只有1～4个月月平均气温在0°～10℃之间，冬季酷寒而漫长；年降水量约200～300毫米，以雪为主；地面有永冻层，只有地衣、苔藓等低等植物可以生长。

季 节

四季变化

  季节一般都是以气候来划分的，它大体是指每年循环出现的地理景观相差比较大的几个时间段。不同的地区，其季节的划分也是不同的。而热带草原而言，只有旱季和雨季。对温带特别是中国的气候而言，一年分为四季，即春季、夏季、秋季、冬季；在寒带，并非只有冬季，即使南北两极亦能分出四季。在这里，我们将重点讲一下我国所处的温带的季节划分。

生机盎然的春季

  不同的地区，对春季的时间定义是不同的。在中国，春季的开始是在立春（2 月 2 日至 5 日之间），春季的结束在立夏（5 月 5 日至 7 日之间）。在欧美，春季从中国的春分开始，到夏至结束。在爱尔兰，2 月、3 月和 4 月被定为春季，在南半球，一般 9 月、10 月和 11 月被定为春季。

春季

燥热难熬的夏季

在中国夏季从立夏（5月5日至7日之间）开始，到立秋结束；西方人则普遍称夏至至秋分为夏季。在南半球，一般12月、1月和2月被定为夏季。从气候学角度上讲，它与上述地区对夏季时间的划分有所不同，连续5天平均温度超过22℃算作夏季，直到5天平均温度低于22℃算作秋季。

夏季

天朗气清的秋季

秋季是由夏季到冬季的过渡季节。中国对秋季的划分可以从阴历来说，阴历为七至九月（立秋到立冬），阳历为九至十一月，而天文为秋分到冬至这一段时间。气象工作者研究的物候学标准是：炎热过后，5天平均气温稳定在22℃以下时就算进入了秋季，低于10℃时秋季结束。

寒冷寂寞的冬季

天文学上认为秋春之间的季节是从12月至3月。中国习惯指冬季是立冬到立春的三个月时间，也指农历十、十一、十二，一共三个月。在南半球，冬季在6、7、8月份；在北半球，冬季在12、1、2月份。西方人普遍称冬至至春分为冬季。从气候学上讲，平均气温连续5天低于10℃算作冬季。

积云的形成与特色

积层的定义的分类

　　积云是轮廓分明、顶部凸起、云底平坦、云块之间多不相连的直展云，外形类似棉花堆。积云属于直展云层，可分为淡积云、浓积云、碎积云三类，是一种垂直向上发展的云块。它通常在湿润地区和热带地区出现，但有时也会在干燥地区出现。

水滴的聚合——积云的形式

　　我们平常看上去成片的积云实际上是由水滴组成的，它主要是由空气对流上升冷却使水汽发生凝结而形成的。积云的外形特征与空气对流运动的特点紧密相连。

　　一团空气上升，因为在开始时它的内部水汽含量和温度的水平分布基本上是均匀的，从而水汽产生凝结的高度是一致的，因此，一朵积层的底部是水平的。

　　由于在形成阶段，云内为上升气流且云顶中央上升气流最强，四周较弱，云外为下沉气流，因此造成积云具有圆拱形向上凸起的顶部以及明显的轮廓。

积云的特征

　　积云在外形上很有特色，它垂直向上发展的顶部呈圆弧形或圆拱形重叠

积云

凸起，而底部几乎是水平的云块。

积云云体边界分明。如果积层出太阳处在同一侧，云的中部显得黝黑但边缘带着鲜明的金黄色；如果积云和太阳处在相反的位置上，云的中部比隆起的边缘要明亮；反之，如果光从旁边照映着积云，云体明暗就特别明显。

积云的云底高度一般在 600 ~ 2000 米。沿海及潮湿地区，或雨后初晴的潮湿地带，云底较低，有时在 600 米以下；沙漠和干燥地区，有时高达 3000 米。积云底部清晨接近地面，在午后就会上升。

看积云认天气

由于对流运动的强度不同，所以对流云垂直发展的厚度也不同，根据人对流高度和凝结高度的配置。一般积云可分为淡积云、浓积云以及碎积云。

淡积云向上发展较弱，造成形体扁平，顶部略有拱起。淡积云多数在天空晴朗的时候孤立分散地出现，它的出现，标志着在云团上方出现稳定的气层，表明至少在未来的几个小时内天气都是不错的。

浓积云，云体高大，身似高塔，轮廓清晰，底部较平，顶部成重叠的圆弧形凸起，很像花椰菜。在阳光下边缘白而明亮。浓积云是由淡积云发展或合并发展而成，当它发展旺盛阶段时，一般不会出现降水，但也有时降小阵雨。每当浓积云发展非常旺盛时，云的顶部会出现头巾似的一条白云，叫幞状云。如果清晨有浓积云发展，显示出大气层结构不稳定，会出现雷阵雨天气。

碎积云云体很小，比较零散分布在天空，形状多变，多为破碎了或初生的积云，从低空碎积云的移动方向，可以判断地面 500 米以内风向，从碎积云移动的速度可以估计风速级别。农谚说"天上赶羊，地下雨不强"，"天上赶羊"就是指碎积云。这种云出现时一般不会下雨，即使下也是很小的雨，一扫而过。

什么是积雨云

积雨云的形成

当天空的云层形成浓积云之后，倘若空气对流运动继续增强，那么云顶垂直向上发展的态势则会更加旺盛，一旦达到冻结高度以上，原来浓积云的花椰菜状的云顶便也开始冰晶化，原来明显而清晰的边缘轮廓开始在某些地方变得模糊，此时就进入积雨云阶段。积雨云浓而厚，云体庞大如高耸的山岳，顶部轮廓模糊，有纤维结构，底部十分阴暗，常有雨幡及碎雨云。

积雨云影响天气

积雨云几乎总是形成降水，包括阵性大风、雷电、阵性降水及冰雹等天

高积雨云

积雨云

气现象，有时也伴有龙卷风，在特殊地区，甚至产生强烈的外旋气流，形成下击暴流——这是一种可以使飞机遭遇坠毁灾难的气流。

积雨云的种类

积雨云一般分为秃积雨云和鬃积雨云两种。秃积雨云为积雨云的初始阶段，云状特征比较明显除了云顶边缘的某些部位由于冰晶化而开始模糊，呈现丝缕结构之外，其他特征与浓积云相似，无明显差别。

鬃积雨云为对流发展极盛阶段，此时云顶发展到极高，由于该高度远高于冻结高度，会出现大量的冰晶，而且又受到上空强稳定层的阻抑，所以云顶花椰菜状迅速消失，趋向平展，形成铁砧状，称为云砧。积雨云云砧有时也由于发展过程中因高空风速极大，水平运动加强，使云顶沿风的去向水平铺展开来而形成。其边缘出现细鬃条纹，故称"鬃状"。积雨云云底阴暗，并有乱流造成的起伏。在云的前方有升降气流造成的滚轴状云。

层积云的分类

什么是层积云

层积云云底离地面高度常在 2000 米以下，属低云族。其云块一般较大，在厚薄、形状上有很大差异，有的成条，有的成片，有的成团。层积云个体肥大，结构松散，多由小水滴组成，为水云。层积云又可分为透光层积云、蔽光层积云、积云性层积云、堡状层积云、荚状层积云等。下面我们人体来讲一下层积云的这几种分类。

透光层积云

透光层积云云层厚度变化很大，云块之间有明显的缝隙；即使无缝隙，云块边缘大部分也比较明亮。

蔽光层积云

蔽光层积云的厚度在 100~2000 米之间，由直径 5~40 微米的水滴组成。蔽光层积云的云块或条状比较密集，呈暗灰色，云块较厚，无缝隙，大部分云体可以遮蔽日、月的层积云，云底有明显波状起伏，布满天空，有时会产生降水。

蔽光层积云云底较低，当云层发展较厚时，常夏季出现短时降雨，冬季降雪。冬季和高原地区的层积云由过冷水滴、冰晶和雪晶组成。在一般天气条件下，是因大气中出现波状运动和乱流混合作用使水汽凝结而形成的。有

层积云

时是由局地辐射冷却而形成。

堡状层积云

堡状层积云云块细长，底部水平，顶部凸起有垂直发展的趋势，远处看去好像城堡或长条形锯齿。堡状层积云是由于较强的上升气流突破稳定层后，局部垂直发展所形成的。当时如果对流继续增强，水汽条件也具备，则往往预示有积雨云发展，甚至有雷阵雨产生。

积云性层积云

积云性层积云云块较大，多为条状，呈灰白色、暗灰色，顶部具有积云特征。积云性层积云是由衰退的积云或积雨云扩展、平衍而成的，也可由傍晚地面四散的受热空气上升而直接形成。它的出现一般表示对流减弱、天气逐渐趋向稳定，但有时也会下点小雨。

荚状层积云

荚状层积云常为中间厚边缘薄，形似豆荚、梭子状的云条。荚状层积云个体分明，分离散处。

均匀成层的云体——层云

层云的简述

层云云体均匀成层，像雾，呈灰色或灰白色，不接地，经常笼罩山体和高层建筑。一般来说，层云的云底离地面高度常在 2000 米以下，属低云族。它主要由小水滴构成，为水云。层云是在大气稳定的条件下，因夜间强辐射冷却或乱流混合作用，水汽凝结或由雾抬升而成。常在太阳升起之后层云气温逐渐升高，稳定层被破坏后也随之逐渐消散。

层云是如何形成的

层云可以通过多种方式形成夜间降温，或者潮湿气流流入，或者大雨后蒸发，大气的下层潮湿阴冷能够形成层云。太阳升起地面加热后雾也能成为层云。冬季在反气旋和逆温的情况下层云也可以维持数日。薄的层云一般在天亮后或者在白天里逐渐消散。

层云的分类

层云有成层云和碎层云之分：其中成层云云体均匀成层，呈灰色，似雾，但不与地接，常笼罩山腰；碎层云由层云分裂或浓雾抬升而形成，为支离破碎的层云小片。

高积云——成群结对的云彩

高积云简介

高积云从外形上看，一般轮廓分明且云块较小，在厚薄、层次上有很大差异。高积云常呈扁圆型、瓦块状鱼鳞片或水波状的密集云条。薄的云块呈白色，能见日月轮廓，厚的云块呈暗灰色，日月轮廓分辨不清。高积云由水滴或水滴冰晶混合组成。日月光透过薄的高积云常由于衍射而形成内蓝外红的光环。

薄的高积云稳定少变，一般预示晴天，民间有"瓦块云，晒煞人""天上鲤鱼斑，晒谷不用翻"的说法。

厚的高积云如继续增厚，融合成层，则说明天气将有变化，甚至会产生降水。

高积云又可分为透光高积云、蔽光高积云、积云性高积云、荚状高积云、絮状高积云和堡状高积云。高积云的成因与层积云类似。

透光高积云

透光高积云云块较薄，个体分离、排列整齐，云缝处可见蓝天；即使无缝隙，云层薄的部分，也比较明亮。

蔽光高积云

蔽光高积云云块较厚，呈暗灰色，云块间无缝隙，不能辨别日、月位置，云块排列不整齐，常密集成层，有时候会有短时降水产生。

积云性高积云

积云性高积云云块大小不一致，呈灰白色，外形略有积云特征。积云性高积云是由衰退的积云或积雨云扩展而成的，一般预示天气逐渐趋于稳定。

荚状高积云

荚状高积云云块呈白色，通常呈豆荚状或椭圆形，中间厚边缘薄，轮廓分明，当日、月光照射云块时，常产生虹彩。荚状高积云通常形成在下部有上升气流，上部有下降气流的地方。上升气流绝热冷却形成的云，遇到上方下降气流的阻挡时，云体不仅不能继续向上升展，而且其边缘部分因下降气流增温的结果，有蒸发变薄现象，故呈荚状，气流越山时，在山后引起空气的波动，也可形成荚状云。如果荚状云孤立出现，无其他云系相配合，多预示天气晴好。

堡状高积云

堡状高积云云块底部平坦，顶部突起成若干小云塔，类似远望的城堡，外形特征和表示的天气与堡状层积云相似，但云块较小，高度较高。

絮状高积云

絮状高积云云块边缘部分与周围未饱和空气混合蒸发，造成云块边缘破碎，像破碎的棉絮团，呈灰色或灰白色。云块大小以及在空中的高低都很不一致。

高云中的薄云——卷云

卷云的特征及分类

卷云产生在能生成云的最高高度上，云底一般在 4500～10000 米。卷云是高云的一种。它由高空的细小冰晶组成，且冰晶比较稀疏，故云比较薄而透光良好，色泽洁白并具有冰晶的亮泽。卷云按外形、结构等特征，分为毛卷云和钩卷云、密卷云、伪卷云四类。

毛卷云

毛卷云云体具有纤维状结构，云体很薄，常呈白色，无暗影，有毛丝般的光泽，毛丝般的纤维状结构清晰，云丝分散，是丝缕结构十分明显的卷云，多呈丝条状、片状、羽毛状、钩状、团状、砧状等。形状如羽毛、乱发，常分散孤立地分布在天空，或成带与地面斜交。毛卷云多由直径为 10～15 微米的冰晶组成。毛卷云的出现大多预示天晴。

钩卷云

钩卷云名字来源于拉丁语的意思——蜷曲的钩。它通常是薄而稀疏地在海拔七千米天空的对流层出现。卷云云体向上的一头有小钩或小簇，常分散出现。如果它较多出现，并继续发展，多预示将有天气系统影响，甚至可能出现阴雨天气，所以群众中流传着"天上钩钩云，地上雨淋淋"的谚语。通常界乎 40℃ ~50℃时，钩卷云会在一股暖锋或锢囚锋接近时出现，并意味着雨带的来临。

密 卷 云

密卷云是比较厚密的片状卷云，边缘可见明显的丝缕结构，其形成与高空对流有关。薄的能看清楚日、月光盘，较厚的仅见日、月位置，最厚的能遮蔽日、月光。密卷云的出现预示天气较稳定，但如果它继续系统发展并演变成卷层云，则预示天气将有变化。

伪 卷 云

　　伪卷云云体大而厚密，常呈铁砧状。当积雨云发展到消衰阶段，云内上升气流减弱，主要为下沉气流，由于缺乏水汽补给，积雨云母体崩解，其上的云砧部分残留空中，即成为伪卷云。它是积雨云顶部脱离主体后而成的，多在积雨云崩析消散过程中见到。

晕环云幕——卷层云

卷层云

卷层云看起来更像是一种白色透明的云幕，它经常会使天空呈乳白色，有时丝缕结构隐约可辨，好像乱丝一般。日、月透过云幕时轮廓分明，地物有影，常有晕环。我国北方和西部高原地区，冬季卷层云可以有少量降雪。

卷层云是一种冰颗粒形成的云

卷层云一般是由冰颗粒形成，表面上看上去像白云的纹路，特别值得一提的是，卷层云是唯一会在太阳或月亮周围产生光晕的云层。卷层云约在5500~8000米的高空。卷层云属又可分毛卷层云和薄幕卷层云。

卷层云由冰晶组成，云底具有丝缕的结构，能透过日、月的光，使地物有影，云层中往往可见晕圈。

卷层云由湿空气作大范围缓慢斜升运动而膨胀冷却所造成，因此，它们和流动气旋以及暖锋有关，位于雷雨层顶部。有时，它们也与热带气旋有关，因为热带气旋上空地区风从气旋内向外吹，把卷层云吹到远离它们形成时的地方。

卷层云与高层云的区别

厚的卷层云易与薄的高层云两者是不同的。如日月轮廓分明，地物有影

或有晕，或有丝缕结构为卷层云；如只辨日、月位置，地物无影，也无晕，为高层云。

卷层云——天气预测使者

卷层云是个及时准确地预报使者，人们根据它的出现，可以判断许多种天气。

冬季特别在转变成高积云和雨云时，卷积云代表了气旋和长期稳定降水的到来。夏季，它们代表风暴和热带气旋的到来。

当卷层云出现时，在太阳和月亮的周围，有时会出现一种美丽的七彩光圈，里层是红色的，外层是紫色的，这种光圈叫作晕，如果出现卷层云，并且伴有晕，天气就会变坏。当卷层云后面有大片高层云和雨层云时，预示着大风雨将要来临，所以有"日晕三更雨，月晕午时风"的说法。

卷积云——高空鳞纹云

卷积云的概述

卷积云也属于高层云，云块很小，白色无影，是由呈白色细波、鳞片或球状细小云块组成的云片或云层，常排列成行或成群，很像轻风吹过水面所引起的小波纹。它大约在 5500 米的高空，卷积云云体很薄，能透过日、月光，呈白色无暗形，在黑夜则呈灰黑色，几乎全由冰晶组成。

卷积云的特征

卷积云有时也并不是十分好确认，因为在整层高积云的边缘，有时有小的高积云块，形态和卷积云颇相似，但不要误认为是卷积云。卷积云有以下几个特征：第一是卷云或卷层云之间有明显的联系；第二是从卷云或卷层云演变而成；第三是有卷云的柔丝光泽和丝缕状特点。

卷积云的演变

卷积云可由卷云、卷层云演变而成。有时高积云也可演变为卷积云。卷积云云块很小，呈白色细鳞、片状，常成行或成群，排列整齐，好像微风吹过水面所引起的小波纹。

云与云之间可以转换

　　此外每一种云都有它的特殊性，但不是一成不变的。在一定条件下，这一种云可以转变为另一种云，另一种云又可以转变为其他一种云。例如淡积云可以发展成浓积云，再发展成积雨云；积雨云顶部脱离成为伪卷云或积云性高积云；卷积云降低成高层云；而高层云降低又可变成雨层云。

预示地震的地震云

能预示地震的云体

地震云是科学研究的非气象学中云体分类的一种预示地震的云体，可以为地震预报事业做出巨大贡献。然而，时至今日国际上的研究还没有一个关于地震云的形成的共同观点，现在日本和中国民间还有许多爱好它的研究者对它进行探索。目前，最广泛的是热量学说、电磁学说、核辐射学说三大学说。

热量学说

地震即将发生时，由于地热聚集于地震带，或因地震带岩石受强烈引力作用发生激烈摩擦而产生大量热量，这些热量从地表逸出，使空气增温产生上升气流，这气流于高空形成"地震云"，云的尾端指向地震发生处。

核辐射说

早期核物理学家使用云室探测核辐射，利用纯净的蒸气绝热膨胀，温度降低达到过饱和状态，此时带电粒子射入，在经过的路径产生离子，过饱和气以离子为核心凝结成小液滴，从而显示出粒子的轨迹。

地球的大气，其实可以看做是一个简陋的云室，当地球内部产生辐射时，大量穿透力极强的离子穿过地壳进入大气在合适的条件合适的情况下，水滴沿辐射轨迹凝聚成云，这就是所谓的"地震云"。这个假说叫"地震的核爆炸假说"。

电磁学说法

地震前岩石在地应力作用下出现"压磁效应"，从而引起地磁场局部变化；岩石被地应力压缩或拉伸，引而电阻率发生变化，使电磁场有相应的局部变化。由于电磁波影响到高空电离层而出现了电离层电浆浓度锐减的情况，从而使水汽和尘埃非自由的有序排列形成了地震云。

夜光云——罕见的蓝白色云

夜光云的含义

夜光云是一种非常罕见的蓝白色云，是一种形成于中间层的云。这种罕见的云只有在高纬度地区的夏季才能看见。它距地面的高度一般在 80 千米左右。

夜光云看起来有点像卷云，但比它薄得多，而且颜色也与卷云不的同，它为银白色或蓝色，出现在落日后太阳与地平线夹角在 6～15 度之间的时候。为什么夜光云出现在这个时段呢？因为时间太早会因为其太薄而看不见，而太迟了它也会落到地球的阴影之中去。

夜光云

夜光云形成的条件

大体上说，要形成夜光云一般都需要有三个条件——低温、水蒸气和尘埃，这样水蒸气才能凝结成极小的冰晶。关于夜光云的成因科学界还未得出一致结论，仍然存在争议，最主流的理论认为它主要是由极细的冰晶构成，但是这个经验理论只是在对流层成立。

夜光云奥秘的探索

夜光云存在的时间从几分钟到几个小时。强夜光云的亮度相当于国际二级极光亮度；弱夜光云一般用肉眼看不见，只有用紫外或红外光学仪器观察。关于夜光云的信息，主要来自于对火箭和卫星的探测。

研究的夜光云，可揭示中间层顶的大气结构、大气波动和化学过程等的规律。据观察，南北两个半球的夜光云之间有很大差异，北半球上空的夜光云看上去比南半球上空的要明亮一点，出现的纬度也更低一点。

根据天空观测者在高纬度地区对夜光云出现的高峰季节进行追踪，人们了解到：在北半球，从 5 月 15 日到 8 月 20 日经常有夜光云，其中最频繁的是 7 月初。

飞机云——飞机尾迹

什么是飞机云？

飞机云，也叫凝结尾，还有种叫法叫飞机尾迹或航空云，当炙热的引擎排出废气在空气中冷却时，它们可能凝结形成一片由微小水滴构成的云，是一种由飞机引擎排出的浓缩水蒸气形成的可见尾迹，即飞机云。如果空气温度足够低的话，飞机云也可能由微小的冰晶构成。

飞机云是怎么形成的

在飞机飞行过程中，从机翼尖端或襟翼拖曳出的翼尖漩涡有时因为漩涡核心的水汽凝结，每一个漩涡都是一大片旋转着的空气，翼尖漩涡有时也被称作蒸气尾迹。

云的主要组成部分是在空气中飘浮的水分。在高空过度冷却的水蒸气需要一种触发条件以激发它们的凝结或沉淀。引擎废气中的微粒正是起着这种触发条件的作用，促使空气中的水蒸气快速的转变成冰晶。

引擎废气引起的凝结碳氢燃料燃烧后的主要产物是二氧化碳和水蒸气。在海拔较高处的低温的环境下，局部水蒸气的增加可以使空气中的水蒸气含量超过饱和点。这些蒸气之后会凝结成微小的水滴或小沉积成为冰晶。成千上万的小水滴或冰晶便形成了飞机云。

飞机云与气压的关系

在潮湿的空气中，飞机在运动时，机翼会引起机翼附近的气压下降，从而导致温度下降。气压和温度下降的综合效应会导致空气中的水凝结并形成后缘涡流。后缘涡流常见于起飞和着陆期间客机的襟翼后方，航天飞机着陆期间，以及在执行高强度演习的军用喷气机上部翼的表面。

霞的形成

霞 的 彩 衣

霞出现在日出和日落前后，阳光通过厚厚的大气层，使大量的空气分子被散射形成霞。当空中的尘埃、水汽等杂质愈多时，其色彩愈显著。如果有云层，云块也会染上橙红艳丽的颜色。霞分为朝霞和晚霞两种，是一种奇妙的自然现象。

多 彩 的 霞

在一天中一早一晚的天边，时常会出现五彩缤纷的彩霞。朝霞和晚霞的形成都是由于空气对光线的散射作用。当太阳光射入大气层后，遇到大气分

子和悬浮在大气中的微粒，就会发生散射。这些大气分子和微粒本身是不会发光的，但由于它们散射了太阳光，使每一个大气分子都形成了一个散射光源。

根据瑞利散射定律，波长较短的紫、蓝、青等颜色的光最容易散射出来，而波长较长的红、橙、黄等颜色的光透射能力很强。因此，我们看到晴朗的天空总是呈蔚蓝色，而地平线上空的光线只剩波长较长的黄、橙、红光了。这些光线一旦经空气分子和水汽等杂质的散射后，就会使那里的天空染上绚丽的色彩。

早霞不出门，晚霞行千里

俗话说"早霞不出门，晚霞行千里"。

早上太阳从东方升起，如果大气中水汽过多，则阳光中一些波长较短的青光、蓝光、紫光被大气散射掉，只有红光、橙光、黄光穿透大气，天空染上红橙色，便成朝霞。日出前后出现的朝霞，说明大气中的水汽已经很多，而且云层已经从西方开始侵入本地区，预示天气将要转雨所以"早霞不出门"。

到了晚上，在日落前后的天边，有时会出现五彩缤纷的霞，以大红色、金黄色为主色调，表示在我们西边的上游地区天气已经转晴或云层已经裂开，阳光才能透过来造成晚霞，预示笼罩在本地上空的雨云即将东移，天气就要转晴，所以"晚霞行千里"。

狂风和暴风

风力强劲的狂风和暴风

在气象术语中，狂风是指速度为每小时 88 ~ 102 千米，即 10 级风，对"暴风"的定义是速度在 103 ~ 117 千米，即 11 级风。然而，在实际生活中，人们对狂风和暴风的定义一般是对人们的正常生活造成了较为严重的影响便可称其为狂风或暴风。

狂风、暴风的成因

风的形成有各种各样的原因，大体说来最直接的原因是水平气压梯度力。风受大气环流、地形、水域等不同因素的综合影响，有多种表现形式，如季风、地方性的海陆风、山谷风、焚风等。简言之，风是空气分子的运动。

而之所以会形成狂风和暴风，一方面是由于强对流，空气受热不均，形成压力差而形成动力。另一个原因是山峰较多，地势狭窄等，等空气通过时受到阻挡速度加快，也容易形成大风。

就我国而言，我国的狂风多发区多集中在青藏和新疆的山口，而从世界角度来说，南极的风有时可达到 360 千米/小时，这已经远远大于 12 级风了。

风级的分类

风速的大小常用几级风来表示。风的级别是根据风对地面物体的影响程度而确定的。从气象的角度来说，目前一般按风力大小划分为 12 个等级，如下表所示。

风级	风的名称	风所造成的现象
0 级	无风	静，烟直上。
1 级	软风	烟能表示风向，但风向标不能转动。
2 级	软风	人面感觉有风，树叶有微响，风向标能转动。
3 级	微风	树叶及微技摆动不息，旗帜展开。
4 级	和风	能吹起地面灰尘、纸张和地上的树叶，树的小枝微动。
5 级	清劲风	有叶的小树枝摇摆，内陆水面有小波。
6 级	强风	大树枝摆动，电线呼呼有声，举伞困难。
7 级	疾风	全树摇动，迎风步行感觉不便。
8 级	大风	微枝折毁，人向前行感觉阻力甚大。
9 级	烈风	建筑物有损坏（烟囱顶部及屋顶瓦片移动）。
10 级	狂风	陆上少见，见时可使树木拔起将建筑物损坏严重。
11 级	暴风	陆上绝少，其摧毁力极大。
12 级	飓风	陆上很少，有则必有重大损毁。

旋风和热带气旋

旋风和热带气旋的含义

旋风，是由地面挟带灰尘向空中飞舞的涡旋，这种打转转的空气涡旋正是我们平常看到的旋风，它是空气在流动中造成的一种自然现象。

热带气旋一般发生在热带或副热带洋面上的低压涡旋，是一种强大而深厚的热带天气系统。是自然灾害的一种，当然，除了给人们造成的灾害，热带气旋也是大气循环其中一个组成部分，能够将热能及地球自转的角动量由赤道地区带往较高纬度，除此之外，它可为长时间干旱的沿海地区带来丰沛的雨水。

旋风的成因

旋风形成的最主要原因与空气膨胀有关，比如一个地方因为温度高空气便会膨胀起来，一部分空气被挤得上升，到高空后温度又逐渐降低，开始向四周流动，最后下沉到地面附近。

这时，受热地区的空气减少了，气压也降低了，而四周的温度较低，空气密度较大，加上受热的这部分空气从空中落下来，所以空气增多，气压显著加大。这样，空气就要从四周气压高的地方，向中心气压低的地方流来，跟水往低处流的原理一样。

然而受到地球自西向东旋转的影响，四周也会吹来较冷的空气，这样就围绕着受热的低气压区旋转起来，成为一个和钟表时针转动方向相反的空气涡旋，这就形成了旋风。

热带气旋的特点

热带气旋的最大特点是它的能量来自水蒸气冷却凝固时放出的潜热。不像其他天气系统那样，如温带气旋主要是靠冷北水平面上的空气温差所造成。

热带气旋登陆后，或者当热带气旋移到温度较低的洋面上，便会失去温暖而潮湿的空气供应能量减弱消散或转化为温带气旋。热带气旋的气流受地转偏向力的影响而围绕着中心旋转。在北半球，热带气旋沿逆时针方向旋转，在南半球则以顺时针旋转。

热带气旋的等级

热带低压。底层中心附近最大平均风速 10.8 ~ 17.1 米/秒，即风力为 6 ~ 7 级。

热带风暴。底层中心附近最大平均风速 17.2 ~ 24.4 米/秒，即风力 8 ~ 9 级。

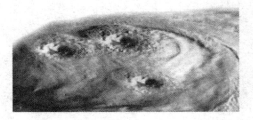

热带气旋

强热带风暴。底层中心附近最大平均风速 24.5 ~ 32.6 米/秒，即风力 10 ~ 11 级。

台风。底层中心附近最大平均风速 32.7 ~ 41.4 米/秒，即 12 ~ 13 级。

强台风。底层中心附近最大平均风速 41.5 ~ 50.9 米/秒，即 14 ~ 15 级。

超强台风。底层中心附近最大平均风速 ≥51.0 米/秒，也即 16 级或以上。

气旋的结构

一个成熟的热带气旋有好几个部分组成，其中有地面低压、暖心、中心密集云层区、台风眼、风眼墙、螺旋雨带、外散环流等部分。其中地面低压是指热带气旋的中心接近地面或海面部分是一个低压区。

最具破坏力的烈风——热带风暴

热带风暴简述

热带风暴在热带或亚热带地区海面上形成，它是由水蒸气冷却凝固时放出潜热发展出的暖心结构。是热带气旋的一种，其中心附近持续风力为每小时 63～87 千米，即烈风程度的风力是所有自然灾害中最具破坏力的。每年飓风都从海洋横扫至内陆地区，强劲的风力和暴风雨过后留下的只是一片狼藉。它也是台风的一种，是指中心最大风力达 8～9 级（17.2～24.4 米/秒）的台风，极具破坏性。

热带风暴的形成

第一，要有足够广阔的热带洋面，这个洋面温度要高于 26.5℃，并且在 60 米深的一层海水里，水温也要超过这个数值。

第二，预先要有一个弱的热带涡旋存在。例如，任何一部机器的运转，都要消耗能量，即要有能量来源，热带风暴也是如此。

第三，要有足够大的地球自转偏向力。由于地球的自转，便产生了一个使空气流向改变的力，称为"地球自转偏向力"。因为赤道的地转偏向力为零，而向两极逐渐增大，故台风发生地点大约离开赤道 5 个纬度以上。在旋转的地球上，地球自转的作用使周围空气很难直接流进低气压，而是沿着低气压的中心作逆时针方向旋转。

热带风景破坏巨大

最后，弱低压上方高低空之间的风向风速差别要小。在这条件下，上下空气柱一致行动，高层空气中热量容易积聚，从而增暖。气旋一旦生成，在摩擦层以上的环境气流将沿等压线流动，高层增暖作用也就能进一步完成。在此基础上，台风进一步增强，便会形成热带风暴了。

热带风暴2.0版——强热带风暴

强热带风暴是比热带风暴更加猛烈一点的热带风暴。当底层中心附近最大平均风速为24.5~32.6米/秒，底层中心附近最大风力为10~11级。当热带气旋近中心最大风力为10~11级（24.5~32.6米/秒）时，就称为强热带风暴。强热带风暴继续加强，就会形成台风。强烈带风暴的破坏力是巨大的。

台　风

台风和飓风的定义

台风又名飓风，是热带气旋的一个类别。在气象学上，按世界气象组织定义：热带气旋中心持续风速达到 12 级（即每秒 32.7 米或以上）称为飓风（台风）。飓风与台风的名称在不同范围叫法不一，飓风的名称一般在北大西洋及东太平洋范围内使用，而台风的名称则是在北太平洋西部（赤道以北，国际日期线以西，东经 100 度以东）被广泛使用。

台风的特点

人们通过长久的观察研究，加以总结，台风（飓风）一般具有如下六个特点：

一是有季节性。它一般发生在夏秋之间，最早发生在 5 月初，最迟发生在 11 月。

二是台风中心登陆地点难准确预报。台风中心登陆地点往往与预报相左。台风的风向时有变化，常出人预料。

三是台风具有旋转性。它登陆时的风向一般先北后南。

四是损毁性严重。台风对不坚固的建筑物、架空的各种线路、树木、海上船只、海上网箱养鱼、海边农作物等破坏性很大。

五是强台风发生过程中常伴有大暴雨、大海潮、大海啸。

六是强台风发生时，人力不可抗拒，不可避免，极易造成人员伤亡。

台风的级别

超强台风：底层中心附近最大平均风速大于 51.0 米/秒，也即 16 级或以上。

强台风：底层中心附近最大平均风速 41.5～50.9 米/秒，也即 14～15 级。

台风：底层中心附近最大平均风速 32.7～41.4 米/秒，也即 12～13 级。

强热带风暴：底层中心附近最大平均风速 24.5～2.6 米/秒，也即风力 10～11 级。

热带风暴：底层中心附近最大平均风速 17.2～24.4 米/秒，也即风力 8～9 级。

热带低压：底层中心附近最大平均风速 10.8～17.1 米/秒，也即风力为 6～7 级。

台风也有积极影响

台风在危害人类的同时，也在保护着人类。

台风给人类送来了淡水资源。一次直径不算太大的台风，登陆时可带来 30 亿吨降水，大大缓解了全球水荒。

另外，台风还使世界各地冷热保持相对均衡。赤道地区气候炎热，若不是台风驱散这些热量，热带会更热，寒带会更冷，温带也会从地球上消失。

一句话，台风太大太多不行，没有也不行，只有适量的台风会造福人类。

台风的命名

古时候，人们把台风叫飓风，到了明末清初才开始使用"颱风"（1956 年，颱风简化为台风）这一名称，飓风的意义就转为寒潮大风或非台风性大风的统称。

　　关于台风，国际上有其统一的命名方法即由台风周边国家和地区事先共同制定的一个命名表，然后按顺序年复一年地循环重复使用。某些台风因造成巨大损害或者命名国提起更换等原因，也有一些台风名已经被弃用。

大气中最强烈的旋涡——龙卷风

什么是龙卷风

龙卷风是在天气不稳定的状况下产生的一种强烈的、小范围的由两股空气强烈相向、相互摩擦形成的空气旋涡。

龙卷风的形成

我们知道龙卷风是一种涡旋，是云层中雷暴的产物，它一旦发生会给人们的生产和生活带来很大的灾难，它到底是怎么形成的呢？其实龙卷风的形成经过了四个阶段。

首先，大气的不稳定性产生强烈的上升气流，由于受到急流中的最大过境气流的影响，它被进一步加强。

其次，由于与在垂直方向上速度和方向均有切变的风相互作用，上升气流在对流层的中部开始旋转，形成中尺度气旋。

再次，随着中尺度气旋向地面发展和向上伸展，它本身变细并增强。同时，一个小面积的增强辅合，即初生的龙卷在气旋内部形成，产生气旋的同样过程，形成龙卷核心。

最后，龙卷核心中的旋转与气旋中的它的旋转更大，它的强度足以使龙卷一直伸展到地面。当发展的涡旋到达地面高度时，地面气压急剧下降，地面风速急剧上升，形成龙卷。

龙卷风的类型

第一种是多旋涡龙卷风。它是指带有两股以上围绕同一个中心旋转的旋涡龙卷风。多旋涡结构经常出现在剧烈的龙卷风上，并且这些小旋涡在主龙卷风经过的地区上往往会造成更大的破坏。

第二种是水龙卷。简言之，是水上的龙卷风，通常意思是在水上的非超级单体龙卷风。世界各地的海洋和湖泊等都可能出现水龙卷。

第三种是陆龙卷。这是一个术语，用以描述一种和中尺度气旋没有关联的龙卷风。

第四种是火龙卷。是陆龙卷与火焰的结合，它是非常罕见的龙卷风形态。

龙卷风的特点

龙卷风是大气中最强烈的涡旋现象，影响范围虽小，但破坏力极大。它往往使成片庄稼、成万株果木瞬间被毁，令房屋倒塌，交通中断，人畜生命遭受巨大损失。

龙卷风的水平范围很小，直径从几米到几百米，平均为 250 米左右，最大为 1 千米左右。在空中直径可有几千米，最大达 10 千米。

龙卷风极大风速每小时可达 150 千米至 450 千米，持续时间一般仅几分钟，最长不过几十分钟，但造成的灾害即很严重。

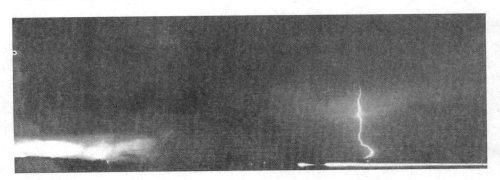

海 陆 风

海陆风的含义

海陆风是一种因海洋和陆地昼夜热力差异、受热不均匀而在海岸附近形成的一种有日变化的风系。在基本气流微弱时，白天风从海上吹向陆地，称为海风，夜晚风从陆地吹向海洋，称为陆风，两者合称为海陆风。

海陆风的产生

海陆风一年四季都可出现，在不同的纬度，海陆风次数不一。尤其在热带地区发展最强，出现次数比温带和寒带都要多。中纬度地区的海陆风，夏

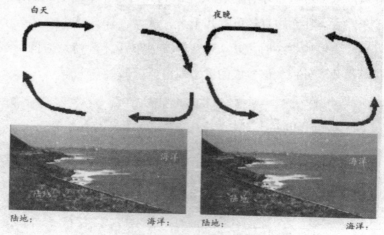

海风和陆风的区别

秋两季比冬春出现次数多。高纬度地区只在暖季出现海陆风。较大的岛屿如中国海南岛，也会出现海陆风。海风白天从四周吹向海岛，陆风夜间从海岛吹向周围海面。海陆风盛行的海岛和沿海陆地，白天多出现云、雨和雾天气，夜间以晴朗天气为主。

海风和陆风的形成和区别

海陆风是沿海地区因海陆受热不均匀而形成的以一日为周期、风向相反的局地性风系。因为陆地热容量小，白天地面受热增温比海洋快，气温也比附近海洋上的气温高，在水平气压梯度力的作用下，上层的空气从陆地流向海洋，然后下沉至低空，下层的空气又由海面流向陆地，高层形成海风低层形成海风，从上午开始吹至傍晚，风力以下午为最强。

夜间，海上气温高于陆地，出现与白天相反的热力环流，低层形成陆风。海陆的温差白天大于夜晚，故海风较陆风强。

一般来说，海陆风的水平范围可达几十千米，热带地区的海陆风最强，海风风速达7米/秒，陆风风速1~2米/秒。在气温日变化大，海陆温差也大的地区，海陆风发展最盛，因此海陆风极易出现在热带和温带夏季晴朗而稳定的天气条件下。在较大湖泊的湖岸附近，也可产生与海陆风相似的"湖陆风"。

季风的形成与影响

季风的形成

由于大陆和海洋在一年之中增热和冷却程度不同而形成的一种受季节控制的风，即季节。风向随季节有规律改变的风系。

季风形成的原因

季风的形成主要是因为海陆间热力环流的季节变化。一般夏季大陆增热比海洋剧烈，大陆上气压随高度变化慢于海洋上空，所以到一定高度，就产生从大陆指向海洋的水平气压梯度，空气由大陆指向海洋，海洋上形成高压，大陆形成低压，空气从海洋指向大陆，形成了与高空方向相反气流，构成了夏季的季风环流。在我国表现为东南季风和西南季风。夏季风特别温暖而湿润。

而到了冬季，大陆迅速冷却，海洋上温度比陆地要高些，因此大陆为高压，海洋上为低压，低层气流由大陆流向海洋，高层气流由海洋流向大陆，形成冬季的季风环流。在我国为西北季风，变为东北季风。冬季风十

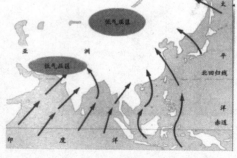

亚洲东部夏季季风方向示意图

分干冷。

影响季风的因素

季风因海陆影响的程度不同，故
与纬度和季节都有关系。冬季中、高
纬度海陆影响大，陆地的冷高压中心
位置在较高的纬度上，海洋上为低压。
夏季低纬度海陆影响大，陆地上的热
低压中心位置偏南，海洋上的副热带
高压的位置向北移动。

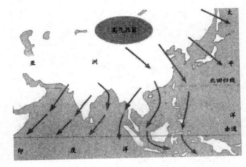

亚洲东部冬季季风方向示意图

季风对我国的影响

季风对我国有非常显著的影响，在全球几个明显的季风气候区域中，我
国处于东亚季风区内，主要表现为：盛行风向随季节变化有很大差别，有时

甚至相反。冬季盛行东北气流，华北—东北为西北气流。夏季盛行西南气流。中国东部—日本还盛行东南气流。冬季寒冷干燥，夏季闷热多雨，尤其多暴雨。热带地区有旱季和雨季两种类型，我国的华南前汛期、江淮的梅雨及华北、东北的雨季，都属于夏季风降雨。

信风——有信用的风

准时的信风

信风存在于赤道两边的低层大气中，北半球吹东北风，南半球吹东南风，这种风的方向很少改变，它们终年如此，稳定出现，这种"信用"也是它在中文中被翻译成"信风"的原因。

信风的成因

信风的形成与地球三圈环有密切关系，在太阳的长期照射下，赤道受热最多，赤道近地面空气受热上升，在近地面形成赤道低气压带，在高空形成高气压，高空高气压向南北两方高空低气压方向移动，在南北纬 30 度附近遇冷下沉，在近地面形成副热带高气压带。

而与此同时，赤道低气压带与副热带高气压带之间产生气压差，气流从"副高"流向"赤低"。在地转偏向力影响下，北半球副热带高压中的空气向南运行时，空气运行偏向于气压梯度力的右方，形成东北风，即东北信风。南半球反之形成东南信风。

在对流层上层盛行与信风方向相反的风，即反信风。信风与反信风在赤道和南北纬 20°~35° 之间构成闭合的垂直环流圈，即哈德莱环流。由于副热带高压在海洋上表现特别明显，终年存在，而其在大陆上只冬季存在。故在热带海洋上终年盛行稳定的信风，大陆上的信风稳定性较差，且只发生在冬半年。

北回归线附近的信风

两个半球的信风在赤道附近汇合，形成热带辐合线。信风是一个非常稳定的系统，但也有明显的年际变化。有人认为，东太平洋信风崩溃，可能对赤道海温激烈上升有影响，形成厄尔尼诺现象。其增强、减弱是有规律的，厄尔尼诺时信风大为减弱，致使赤道地区的纬向瓦克环流也减弱。反厄尔尼诺时，信风增强，瓦克环流增强并向西扩展。

信风影响降水

往往受信风影响的地区，都会表现出降水不均匀的情况，这与所处的海陆位置和地形状况等因素有关。

首先山区很容易受季风影响。在地球上，位于信风带的地区主要是亚欧大陆的西亚地区、非洲大陆南北部、南美洲大陆中东部、北美的墨西哥高原和澳大利亚中北部地区。

其次很多信风少雨区的分布位置很关键。海陆位置、地形情况都影响信风区的降雨：一是在非洲北部和西亚，受东北信风影响，这里的信风从内陆干旱区吹来，湿度小，水分少，降水相当少；二是非洲大陆南部和南美大陆东南部受东南信风影响，这里的信风均从海洋吹来，但受高原地形的阻挡影响，海洋上湿润气流很难到达，降水也稀少，此外北美的墨西哥高原也是如此；三是澳大利亚大陆的大分水岭西部，位于东南信风的背风坡，是雨影区，降水也特别少。

最后，除了信风少雨区的分布位置，信风多雨区的分布位置也很重要。信风并不是不能带来大量的降水，在一些高原边缘的沿海地带或沿岸山地的迎风坡，信风往往会带来大量的降水。如巴西高原的东南沿海、马达加斯加岛东侧、澳大利亚的东北部沿海，东南信风受地形抬升而在山地迎风坡形成地形雨，降水丰富，再加上这些地区本来纬度较低，从而使这几个地区都形成了热带雨林气候。

山谷风的形成与作用

山风与谷风

由山谷与其附近空气之间的热力差异而引起，白天由山谷吹向山顶的风，称为"谷风"，夜间由山顶吹向山谷的风，称为"山风"。山风和谷风总称为山谷风。

山谷风的发生

白天太阳出来后，阳光照在山坡上，空气受热后上升，沿着山坡爬向山顶，这就是谷风。夜间，太阳下山，山顶和山腰冷却得非常快，所以靠近山顶和山腰的一薄层空气冷得也特别快，然而积聚在山谷里的空气还是暖暖的。这时，山顶和山腰的冷空气，一批批地流向谷底，这种从山顶和山腰流向山谷的空气，就形成了山风。

山谷风常发生在晴好而稳定的天气条件下，热带和副热带在旱季、温带

在夏季时最易形成。

山谷风的作用

正常的情况下，在晴朗的白天谷风会把温暖的空气向山上输送，使山上气温升高，促使山前坡岗区的植物，农作物和果树早发芽，早开花，早成熟，早结果，冬季可减少寒意送来温暖。谷地的空气湿度减小，谷风把谷地的水汽带到上方，使山上空气湿度增加，这种现象，在中午几小时内特别的显著。

在夏季谷风盛行的时候，如果空气中有足够的水汽，它便常常会凝云致雨，这对山区树木和农作物的生长很有利；夜晚，山风把水汽从山上带入谷地，因而山上的空气湿度减小，谷地空气湿度增加。在生长季节里，山风能降低温度，对植物体营养物质的积累，块根、块茎植物的生长膨大很有好处。

另外山谷风还可以还可以改善和保护环境还可以把清新的空气输送到城区和工厂区，把烟尘和飘浮在空气中的化学物质带走，有利于改善和保护环境。工厂的建设和布局要考虑有规律性的风向变化问题。山谷风风向变化有规律，风力也比较稳定，可以当做一种动力资源来研究和利用。

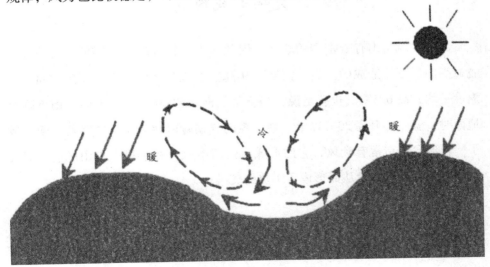

谷风的形成

山脉北面的风——焚风

有温度的焚风

焚风一般是以阵风形式出现，是从山脉背面沿山坡向下吹的一种局部范围内的空气运动形式，即过山气流在背风坡下沉而变得干热的一种地方性风。为什么会出现这种现象呢？是由于湿空气越过山脉，在山脉背风坡一侧下沉时增温，使气团变得又干又热。所以气团所经之地湿度明显下降，气温也会迅速升高。

焚风的成因

因为焚风与山有着密切的联系，因此是山区特有的天气现象。它是气流越过高山后下沉造成的。当一团空气从高空下沉到地面时，每下降 1000 米，温度平均升高 6.5℃。也就是说，当空气从海拔 4000～5000 米的高山下降至地面时，温度会升高 20℃ 以上，使凉爽的气候顿时热起来，"焚风"便形成了。台湾台东市常有焚风，它的形成就是西南气流在越过中央山脉后，湿气遭到阻挡，水汽蒸发从而形成了干热的焚风。

焚风的影响

焚风一般会出现在中纬度相对高度不低于 800～1000 米的山地，偶尔会有更低的山地也会产生焚风效应。比较轻的焚风可以促进春雪消融，作物早熟等。焚风在高山地区可大量融雪，造成上游河谷洪水泛滥，有时能引起雪崩。

因此，焚风不利的影响也有很多。它常常使果木和农作物干枯，使森林和村镇的火灾蔓延并造成损失，降低产量。19 世纪，阿尔卑斯山北坡几场著名的大火灾都发生在焚风盛行时期。

如果地形适宜，强劲的焚风又可造成局部风灾，刮走山间农舍屋顶，吹倒庄稼，拔起树木，伤害森林，甚至使湖泊水面上的船只发生事故。除此之外，因为这种现象还会影响人的健康，使许多人出现不适的症状，如疲倦、抑郁、头痛、脾气暴躁、心悸和浮肿等。医学气象学家认为，这是由焚风的干热特性以及大气电特性的变化对人体影响引起的。

焚风的形成

干热风的成因与类型

干热风的得名

干热风又名"热干风"、"干旱风"、"火南风"、"火风"等。这种风又干又热，经常出现在温暖季节，会导致小麦乳熟期受害秕粒，所以得名干热风。是一种不折不扣的农业气象灾害。

刮干热风时，温度显著升高，湿度显著下降，并伴有一定风力，蒸腾加剧，根系吸水不及，往往导致小麦灌浆不足，秕粒严重，甚至枯萎死亡。一

般分为高温低湿和雨后热枯两种类型，均以高温危害为主。我国的华北、西北和黄淮地区春末夏初期间都出现过。

干热风的成因

因为各地自然特点的不同，所以干热风的成因也大都不尽相同。每年初夏，我国内陆地区气候炎热，增温强烈，雨水稀少，气压迅速降低，形成一个势力很强的大陆热低压。在这个热低压周围，气压梯度随着气团温度的增加而加大，于是干热的气流就围着热低压旋转起来，形成一股又干又热的风，这就是干热风。强烈的干热风，对当地小麦、棉花、瓜果可造成危害。

干热风的类型

第一种是西北气流型。在此种类型的控制下，黄淮海地区受西北气流控制，上游又有暖平流输送，加上空气湿度小，天气晴朗，太阳辐射强，高空槽线过境后 24 ~ 36 小时即可出现干热风天气，持续 3 ~ 4 天。此类型干热风的几率占 42%。

第二种是高压脊型。在此类型影响下，河套小高压是移动性的，干热风持续时间较短，且强度弱。一般只 1 ~ 2 天，此类型干热风的几率占 30%。

沙尘暴的形成与危害

什么是沙尘暴

沙尘暴，顾名思义是既有沙又有尘的风暴，沙尘暴，是指强风把地面大量沙尘物质吹起并卷入空中，使空气特别混浊，水平能见度小于一百米的严重风沙天气现象。把两者分开来讲，沙暴是指大风把大量沙粒吹入近地层所形成的挟沙风暴，尘暴则是指大风把大量尘埃及其他细粒物质卷入高空所形成的风暴。

沙尘天气的过程

沙尘天气过程一般情况下共分为四类，这四类分别是浮尘天气过程、扬沙天气过程、沙尘暴天气过程和强沙尘暴天气过程。

浮尘：尘土、细沙均匀地浮游在空中，使水平能见度小于 10 千米的天气

现象。在同一次天气过程中，我国天气预报区域内 5 个或 5 个以上国家基本站在同一观测时次出现了浮尘天气。

扬沙：风将地面尘沙吹起，使空气相当混浊，水平能见度在 1 千米至 10 千米以内的天气现象。在同一次天气过程中，我国天气预报区域内 5 个或 5 个以上国家基本站在同一观测时次出现了扬沙天气。

沙尘暴：强风将地面大量尘沙吹起，使空气很混浊，水平能见度小于 1000 米的天气现象。在同一次天气过程中，我国天气预报区域内 3 个或 3 个以上国家基本站在同一观测时次出现了沙尘暴天气。

强沙尘暴：强将地面尘沙吹起，使空气模糊不清，浑浊不堪，水平能见度小于 500 米的天气现象。在同一次天气过程中，我国天气预报区域内 3 个或 3 个以上国家基本站在同一观测时次出现了强沙尘暴天气。

沙尘暴的危害

第一，沙尘暴的强风，很容易携带细沙粉尘摧毁建筑物及公用设施，造成人畜伤亡。

第二，以风沙流的方式造成农田、村舍、渠道、铁路、草场等被大量流沙掩埋，特别是对交通运输造成严重威胁。

第三，大气污染。在沙尘暴源地和影响区，大气中的可吸入颗粒物增加，导致大气污染加剧。

第四，土壤风蚀。每次沙尘暴的沙尘源和影响区都会受到不同程度的风蚀危害，风蚀深度可达 1～10 厘米。据估计，我国每年由沙尘暴产生的土壤细粒物质流失高达 106～107 吨，其中绝大部分粒径在 10 微米以下，对源区农田和草场的土地生产力造成严重破坏。

暴雨的影响

暴雨灾害严重

暴雨是一种降水强度很大的雨。按照气象规定，严格意义上24小时降水量为50毫米或以上的强降雨才可称为"暴雨"。由于各地降水和地形特点不同，所以各地暴雨洪涝的标准也有所不同。特大暴雨是一种灾害性天气，而这种天气往往会造成洪涝灾害和严重的水土流失，从而导致工程失事、堤防溃决和农作物被淹等重大的经济损失。尤其是对于一些地势低洼、地形闭塞的地区，雨水不能迅速宣泄造成农田积水和土壤水分过度饱和，会造成更多的地质灾害。

暴雨等级成分

根据降雨的强度，暴雨一般可分为一般暴雨、大暴雨和特大暴雨三种等级。

12小时内降雨量不到70毫米，或24小时内不到100毫米的暴雨称"一般暴雨"；12小时内降雨量大于70毫米、小于140毫米，或24小时内降雨量大于100毫米、小于200毫米的暴雨称"大暴雨"；12小时内的降雨量在140毫米以上，或24小时内降雨量在200毫米以上的暴雨称"特大暴雨"。

暴雨的成因过程

暴雨的形成过程相对来说比较复杂。

第一，大气中有充沛的水汽，特别是对流层下部的饱和层要厚。

第二，要有强烈的上升气流，使水汽能成云致雨。

第三，要有持续时间较长的强降水，也就是说，成云致雨的天气系统移动比较缓慢或重复出现。

第四，要有有利的地形抬升，导致雨带集中到某地，促成局部暴雨。

从天气系统来说，多种天气系统相互作用，相互制约往往促成暴雨气旋、锋面、低槽、低涡、切变线、台风等系统的活动都能促成暴雨。暴雨危害甚大，常造成不可预防的洪涝灾害。

暴雨的危害

我们都知道，暴雨经常夹杂着大风。它常常来势凶猛，特别是大范围持续性暴雨和集中的特大暴雨，不仅影响工农业生产，而且可能危害人民的生命，造成严重的经济损失。总的来讲，暴雨的危害主要有两种：

第一种是渍涝危害。由于暴雨急而大，排水不畅易引起积水成涝，土壤孔隙被水充满导致饱和，造成陆生植物根系缺氧，使根系生理活动受到抑制，加强了嫌气过程，产生有毒物质，使作物受害而减产。

第二种是洪涝灾害。由暴雨引起的洪涝淹没作物，使作物新陈代谢难以正常进行而发生各种伤害，淹水越深，淹没时间越长，危害越严重。特大暴雨引起的山洪暴发、河流泛滥，不仅危害农作物、果树、林业和渔业，而且还冲毁农舍和工农业设施威胁生常的生活工作，还会造成人畜伤亡，经济损失严重。

我国的暴雨多发地区

中国是多暴雨的国家，除西北个别省、区外，几乎各个省区都有暴雨出现。冬季暴雨局限在华南沿海，4~6月间，华南地区暴雨频频发生。6~7月间，长江中下游常有持续性暴雨出现，它的特点是：历时长、面积广、暴雨量也大。7~8月是北方各省的主要暴雨季节，暴雨强度很大。8~10月雨带又逐渐南撤。夏秋之后，东海和南海台风暴雨十分活跃，台风暴雨的降雨量往往很大。

大气对流运动的降水——对流雨

对流雨的简述

对流雨是世界上三大降水形式之一，是一种大气对流运动引起的降水现象。

短而猛的对流雨

对流雨时常出现于热带或温带的夏季午后，以热带赤道地区最为常见。其形成机制是近地面层空气受热或高层空气强烈降温，促使低层空气上升，水汽冷却凝结，形成对流雨。

对流雨来临前常有大风，大风可拔起直径 50 厘米的大树，并伴有闪电和雷声，有时还下冰雹。它的来势虽然急骤，但多在地表流失，对土壤侵蚀严重；幸好对流雨历时不会太久，雨区也不会太广，如适时而降，对农作物的成长是有利的。对流雨虽然降雨时间短，但大雨滂沱，往往因排水不及，而成淹水现象。

有规律的对流雨

一般说来，低纬度地区出现对流雨的概率比较大，低纬度地区的降水时间一般在午后，特别是在赤道地区，降水时间非常准确。早晨天空晴朗，随着太阳升起，天空积云逐渐形成并很快发展，越积越厚，到了午后，积雨云汹涌澎湃，天气闷热难熬，大风掠过，雷电交加，暴雨倾盆而下，降水延续到黄昏时停止，雨过天晴，天气稍觉凉爽，但是第二天，又重复有雷阵雨出现。在中高纬度，对流雨主要出现在夏半年，冬半年极为少见。

锋面雨的特点与影响

气 旋 雨

锋面雨又叫气旋雨，锋面常与气旋相伴而生。当锋面活动时，暖湿气流在上升过程中，由于气温不断降低，水汽就会冷却凝结，成云致雨，这种雨便称为锋面雨。锋面有系统性的云系，但是并不是每一种云都能产生降水的。只有两种性质不同的气流相遇，才能达到这种效果。在锋面上，暖、湿、较轻的空气被抬升到冷、干、较重的空气上面去。在抬升的过程中，空气中的水汽冷却凝结，形成的降水叫锋面雨。

雨层云中的锋面雨

锋面雨的形成有其特殊的过程，因为锋面雨主要发生在雨层云中，在锋面云系中雨层云最厚。雨层云，其上部为冰晶，下部为水滴，中部常常冰水共存，所以能很快引起冲并作用，由于云的厚度大，云滴在冲并过程中经过的路程长，有利于云滴增大，雨层云的底部离地面近，雨滴在下降过程中不易被蒸发，很有利于形成降水。雨层越厚，云底距离地面越近，降水就越强。

高层云也可以产生降水，但卷层云一般是不降水的。因为卷层云云体较薄，云底距离地面远，含水量又少，即使有雨滴下落，也不易到达地面。

锋面雨的特点

　　锋面雨有个显著的特点便是降水的水平范围大，它常常形成沿锋而产生大范围的呈带状分布的降水区域，被称为降水带。随着锋面平均位置的季节移动，降水带的位置也移动。例如，我国从冬季到夏季，降水带的位置逐渐向北移动，5 月份在华南，6 月上旬到南岭——武夷山一线，6 月下旬到长江一线，7 月到淮河，8 月到华北，与之相处从夏季到冬季，则向南移动，在 8 月下旬从东北、华北开始向南撤，9 月即可到华南沿海，从上可以看出，南撤比北进快得多。

　　另外，锋面雨的另一个特点是持续时间长，因为层状云上升速度小，含水量和降水强度都比较小，有些纯粹的水云很少发生降水，有降水发生也是毛毛雨。但是，锋面降水持续时间长，短则几天，长则 10 天半个月以上，有时长达 1 个月以上，"清明时节雨纷纷"，就准确而恰当的描述了我国江南春季的锋面降水现象。

锋面雨对河流的影响

锋面雨影响着人们生活的方方面面，尤其是在我国这种锋面雨比较典型的国家。具体来讲，首先，锋面雨对河流最直接的影响是河流沿岸植被的多少。其次，降雨期间，也会对河流清浊度产生短期的影响。影响程度与降雨时间和降雨强度有关。总之，锋面雨是一种长时间、高降水量的降雨，只是降雨的强度比较小。因为锋面雨的这些特点，导致锋面雨对地表的冲刷力相对于对流雨要小很多，而对地表的渗透程度却要大很多。

西南地区多夜雨

巴山夜雨的解释

巴山夜雨这个词可以分开来解释，"巴山"是指大巴山脉，"夜雨"是指晚八时以后，到第二天早晨八时以前下的雨，"巴山夜雨"其实是泛指多夜雨的我国西南山地（包括四川盆地地区）。

自古巴山多夜雨

我国四川盆地地区的夜雨量一般都占全年降水量的60%以上。举例来如，重庆、峨眉山分别占61%和67%，贵州高原上的遵义、贵阳分别占58%和67%。我国其他地方也有多夜雨的，但就夜雨次数、夜雨量及影响范围来说，都不如大巴山和四川盆地。

西南地区多夜雨

为什么西南山地多夜雨呢？

巴山夜雨，从气候上来分析，很重要的一点便是西南山地潮湿多云。夜间，密云蔽空，云层和地面之间，进行着多次的吸收、辐射、再吸收、再辐射的热量交换过程，因此云层对地面有保温作用，这样使得夜间云层下部的温度不至于降得过低；夜间，在云层的上部，由于云体本身的辐射散热作用，使云层上部温度偏低。因此，在云层的上部和下部之间便形成了温差，大气层结构趋向不稳定，偏暖湿的空气上升形成降雨。

另外，西南山地多准静止锋。云贵高原对南下的冷空气，有明显的阻碍作用，因而我国西南山地在冬半年常常受到准静止锋的影响。在准静止锋滞留期间，锋面降水出现在夜间和清晨的次数占相当大的比重。

四川盆地为何多巴山夜雨

生活在四川盆地的人们，对于巴山夜雨并不会陌生，因为四川盆地是巴山夜雨最喜欢降临的地方，你知道这是什么缘故吗？

原来是因为四川盆地特殊的地形造成的，四川盆地，盆底地势低矮，海拔 300 米～700 米，盆地周围被海拔在 1000 米～4000 米之间的山脉环绕，这样的地形极易形成空气潮湿，天空多云的状况。这样的地形就为巴山夜雨创造了条件，故巴山夜雨会频频光顾四川盆地。

雷电的形成与种类

雷电的现象及产生

雷电一般产生于对流发展旺盛的积雨云中，因此常伴有强烈的阵风和暴雨，有时还伴有冰雹和龙卷风。是伴有闪电和雷鸣的一种雄伟壮观而又有点令人生畏的放电现象。

雷电是如何形成的

产生雷电现象时，积雨云顶部一般较高，可达20千米，云的上部常有冰晶。冰晶的凇附，水滴的破碎以及空气对流等过程，使云中产生电荷。云中电荷的分布较复杂，总的来说，云的上部以正电荷为主，下部以负电荷为主。因此，云的上、下部之间形成一个电位差。当电位差达到一定程度后，就会产生放电，这就是我们常见的闪电现象。闪电的电压很高，约为1亿至10亿伏特。闪电的平均电流是3万安培，最大电流可达30万安培。

一个中等强度雷暴的功率可达一千万瓦，相当于一座小型核电站的输出功率。放电过程中，由于闪电通道中温度骤增，使空气体积急剧膨胀，从而产生冲击波，导致强烈的雷鸣。带有电荷的雷云与地面的突起物接近时，它们之间就会发生激烈的放电。在雷电放电地点会出现强烈的闪光和爆炸的轰鸣声。这就是人们见到和听到的闪电雷鸣。

直击雷很危险，就是因为在云体上聚集了很多电荷，大量电荷聚集后要找到一个通道来泄放，这个通道有很多种，有的时候是一个建筑物，有的时候是一个铁塔，有的时候是空旷地方的一个人。于是这些人或物体都变成电荷泄放的一个通道，直击雷就把人或者建筑物给击伤了。直击雷是威力最大的雷电，而球形雷的威力比直击雷小。

闪电是怎么形成的

暴风云是有很大威力的，它通常会产生电荷，顶层为阳电，底层为阴电，而且还在地面产生阳电荷，如影随形地跟着云移动。阳电荷和阴电荷彼此相吸，但空气却不是良好的传导体。

阳电奔向树木、山丘、高大建筑物的顶端甚至人体之上，企图和带有阴电的云层相遇；阴电荷枝状的触角则向下伸展，越向下伸越接近地面。最后阴阳电荷终于克服空气的阻碍而连接上。巨大的电流沿着一条传导气道从地面直向云涌去，发出一道明亮夺目的闪光。一道闪电的长度一般只有数千米，但最长可达数百千米。

正常闪电的温度，从 17000℃ ~ 28000℃ 不等，也就是等于太阳表面温度的 3 ~ 5 倍。闪电的极度高热使沿途空气剧烈膨胀。空气移动迅速，形成波浪

雷电交加

并发出声音。闪电距离近，听到的就是尖锐的爆裂声；如果距离远，听到的则是隆隆声。

如何计算闪电与你的距离呢？如果在看见闪电之后可以开动秒表，听到雷声后即把它按停，然后以 3 来除所得的秒数，即可大致知道闪电离你有几千米。

雷电的种类

我们通常所说的雷电有直击雷、电磁脉冲、球形雷、云闪之分。其中直击雷和球形雷都会对人和建筑造成危害，而电磁脉冲，主要是受感应作用所致，主要影响电子设备，云闪由于是在两块云之间或一块云的两边发生，对人类危害最小。

酸雨的形成与危害

酸雨的含义

酸雨其实是一种民间俗称，它的正式名称是酸性沉降，它可分为"湿沉降"与"干沉降"两大类，前者指的是所有气状污染物或粒状污染物，随着雨、雪、雾或雹等降水形态而落到地面的；后者则是指在不下雨的日子，从空中降下来的落尘所带的酸性物质而言。

酸雨的形成方式

当烟囱排放出的二氧化硫酸性气体，或汽车排放出来的氮氧化物烟气上升到空中与水蒸气相遇发生反应时，就会形成硫酸和硝酸小滴，使雨水酸化，这时落到地面的雨水就成了酸雨。煤和石油的燃烧是造成酸雨的罪魁祸首。

酸雨危害严重

酸雨对环境的污染相当严重，城市大气污染的严重程度已经改变了季节变化和昼夜变化的规律，而这些污染又大体可分为煤炭型和石油型两类。煤炭型是燃煤引起，因此污染成度以对流最强的夏季和白天为最轻，而以逆温最强、对流最弱的冬季和夜间为最重。伦敦烟雾事件就属于这种类型。石油型是石油和石油化学产品及汽车尾气所产生，由于氮氧化物和碳氢化物等生成光化学烟雾时需要较高气温和强烈阳光，因此污染强度变化规律和煤炭型恰恰相反，即以夏季午后发生频率最高，冬季和夜间少或不发生。洛杉矶光化学烟雾就属于这个类型。

除此之外，城市云量增多，使城区日照时数和太阳辐射量均有减少。城市中烟尘粒子增多的结果，使大气透明度变差，所以有人称城市为"烟霾岛"或"混浊岛"。烟尘大量削弱太阳光中的紫外线部分（在太阳高度较低时甚至可减少30%～50%），这对城市居民的身体健康也是不利的。

除了以上这些危害程度大的外，酸雨还可导致土壤酸化。我国南方土壤本来多呈酸性，再经酸雨冲刷，加速了酸化过程；我国北方土壤呈碱性，对酸雨有较强中和能力，短期间内还酸化不了。土壤中含有大量铝的氢氧化物，土壤酸化后，可加速土壤中含铝的原生和次生矿物风化而释放大量铝离子，形成植物可吸收的形态铝化合物。植物长期和过量的吸收铝，会中毒，甚至死亡。酸雨不仅能加速土壤矿物质营养元素的流失，改变土壤结构，导致土壤贫瘠化，影响植物正常发育，酸雨还能诱发植物病虫害，使作物减产。

最后，酸雨能使非金属建筑材料（混凝土、砂浆和灰砂砖）表面硬化水泥溶解，出现空洞和裂缝，导致强度降低，从而损坏建筑物。建筑材料变脏，变黑，影响城市市容质量和城市景观，被人们称为"黑壳"效应。

酸雨形成的祸首是煤和石油的燃烧

什么是"雷打冬"

什么是雷鸣

众所周知，雷电是雷雨云中的放电现象。这种云的底部离地面约1千米高，一般云顶带正电荷，云底带负电荷，相应的地面也产生与云底电荷相反的感应电荷。由于对流作用，云上下运动，云内的冰晶相互摩擦使电荷逐步增多，云的内部、云与云、云与地面之间的同电荷区形成了很强的电场，电场达到一定强度就要相互中和而发生放电，在光的通路上产生高温，使四周空气剧烈受热，突然膨胀，发生巨大的响声，这就是雷鸣。

雷打冬视象是如何形成的

在研究了雷电的成因后我们可以得知，形成雷雨云要具备一定的条件，即空气中要有充足的水汽，要有使湿空气上升的动力，空气要能产生剧烈的对流运动。

春夏季节，由于受南方暖湿气流影响，空气潮湿，加上太阳辐射强烈，近地面空气不断受热而上升，上层的冷空气下沉，易形成强烈对流，所以春夏季节天气多雷雨，甚至降冰雹。而冬季由于受大陆冷气团控制，空气寒冷而干燥，加之太阳辐射弱，空气不易形成剧烈对流，因而很少发生雷阵雨，更不要说降冰雹了。

但有时冬季天气偏暖，暖湿空气势力较强，当北方偶有较强冷空气南下，暖湿空气被迫抬升对流加剧，也可形成雷阵雨，暖湿气流影响特别强，对流特别旺盛时，还可形成降雹，从而出现所谓"雷打冬"的现象。

雷打冬的影响

本来冬季打雷就是比较罕见的，所以稍微有些异常的现象便一定有它特殊的影响。冬季打雷说明空气湿度大，容易形成雨雪，故有"冬天打雷，雷打雪"之说。如果冰雪多，气温低，家畜最易遭受冻害并以此诱发疾病，重者造成死亡，故又有"雷打冬，十个牛栏九个空"的说法。

"雷打冬"仅仅说明当时天气为冰雪的形成提供了有利条件，与后段时间是否出现低温冰雪天气并没有必然的联系。而家畜是否遭受冻害除与冰雪严寒期的持续时间有关外，主要取决于人们在冰雪严寒时期采取的防寒、防冻措施。

梅子时节雨——梅雨

什么是梅雨

梅雨时节正值江南梅子黄熟之时，故亦称"梅雨"或"黄梅雨"。而且在梅雨季节里，空气气温高，湿度大，衣物器物等等容易发霉，所以也有人据此把梅雨称为同音的"霉雨"。

梅雨时节雨纷纷

梅雨，指初夏中国江淮流域一带、中国台湾、日本中南部、韩国南部等地，每年6月中下旬至7月上半月之间持续天阴有雨的自然气候现象。梅雨产生于西太平洋副热带高压边缘的锋区，是极地气团和副热带气团相互作用的产物。梅雨雨带的位置和稳定性，不仅与副热带高压的位置和强度密切相关，还与西风带有无利于冷空气南下到长江流域的环流形势有关。

由于梅雨发生的特殊时节，正是江南梅子的成熟期，故中国人称这种气候现象为"梅雨"，这段时间也被称为"梅雨季节"。人们还就此将梅雨季节开始的一天称为"入梅"，结束的一天称为"出梅"，此时，器物易霉，也称"霉雨"。

这个雨期较长、雨量比较集中的叫

明显雨季，由大体上呈东西向的主要雨带南北位移所造成，是东亚大气环流在春夏之交季节转变，也是梅雨期间的特有现象。6月中旬以后，雨带维持在江淮流域，就是梅雨。梅雨季节过后，华中、华南、台湾等地的天气开始由太平洋副热带高压主导，正式进入炎热的夏季。

梅雨的影响

梅雨季节的特点就是"湿邪"和"热邪"重，人们容易遭到"湿邪"的侵袭，梅雨天温度多变且湿度大、气压低，人的机体调节功能可能出现问题，比如在这个特殊时节，心脑血管疾病患者也会因气压低而感到非常不适。

除上述病症之外，梅雨时节，天气容易对脾胃产生影响，梅雨季节为霉菌的生长繁殖，提供了适宜的环境。霉菌毒素可以引起人体急性中毒、慢性中毒和致畸、致癌，以及使体内遗传物质发生突变等。在饮食上，要注意生熟食物分开，避免交叉感染，日常饮食一定要烧熟煮透，隔夜餐须回锅加热，冰箱里的食物不能存放太久，梅雨季节身体素质差的人更要注意食欲不振、拉肚子等消化道疾病的发生。

黄梅季节温度高，湿气重，但昼夜温度仍存在一定差距，日温差也大，晴雨交替变化又快，极易诱发风湿类疾病。此外，脚气、皮炎、湿疹等皮肤病也会趁着湿热出来作祟，造成病情复发、加重。所以为了可以顺利地工作生活，要保持工作、生活环境的湿度不要过高。如果湿度过高，可通过除湿机进行除湿，减少皮肤致敏物和霉菌的产生。其次是做清洁的时候一般用温水洗澡就可以，不要过于频繁地使用洗护用品，减少过敏可能。

更重要的是在梅雨时节要保持心情愉快，饮食上少吃辛辣刺激的食物，有充足的睡眠，增强免疫功能。

出着太阳下着雨——太阳雨

既有太阳又有雨

万里晴空的好天气，有时也会下雨，太阳和降雨两者同时出现，这个雨就被人们称为"太阳雨"，于是出着太阳下雨也就成为了可能。

晴空下雨

夏天日辐射较强，对流旺盛，容易形成对流云，这种对流云范围大小不一，小的只有数千米而已，对流云是在高空两块带有不同电荷的云在太阳风的作用下相互碰撞，造成局部地区空中水汽含量过大形成的，加上太阳辐射使水汽蒸发的较快，云层是比较薄的，没有多少水分，所以从高空降下的雨，还没落地，云就已经消失了，所以天气虽然看起来晴朗却下起雨来了，这种情况下所降落的阵雨是局部性的。

太阳雨是怎么来的

夏天经常出现的"太阳雨"是高云天气引起的，太阳在云层的下端，又有冷空气影响，所以出现了晴天下雨的自然现象。其实下太阳雨时，还是有云的，只不过是云没有遮住太阳，因为远方的乌云产生雨，被强风吹到另一地落下。

太阳雨多见于热带和亚热带地区，因为此时天空中也有太阳，所以温度是比较高的，同时降雨量不大，所以持续时间很短，但正因为它的这一特性给人们带来了不一样的感受，所以也就有了太阳雨这个气象名词。

太阳雨的双重影响

我们知道太阳雨就是出着太阳下着雨，它来也匆匆，去也匆匆，人们常常难以把握难以预测，所以对它的到来人们是既欢喜，也有忧啊。

欢喜是因为，太阳雨一般出现在热带和亚热带地区的夏季，这个时候天气比较炎热，如果突如其来一场太阳雨，不仅可以增加空气的湿度，更使人们感觉到凉爽和清新，尤其是对于夏天在户外作业的人们来说，更是雪中送炭。

让人们忧的是，天气晴朗，太阳当空，太阳雨悄无声息的到来，人们大都毫无防备，通常会被淋个落汤鸡，在户外工作的，来不及收工，直接导致一些怕湿、怕潮的东西损坏，因此评价太阳雨，让人欢喜让人忧是非常的贴切。

晶莹的雪花

雪花的来历

　　雪花是一种六角形的晶体，像花，所以得名雪花，它的结构随温度的变化而变化，其又名未央花和六出，它在飘落过程中成团拥簇在一起，就形成了雪片。单个雪花的大小通常在 0.05～4.6 毫米之间。雪花很轻，单个重量只有 0.2～0.5 克。

雪花是怎么形成的

　　升华作用是指水蒸气没有经过液态的过程而直接变成冰。当凝结核在摄氏零度以下时，水点便会开始凝结成冰晶。由于那些水点是非常细小并且是看不到的，很多人误以为这是升华作用。

　　当冰晶形成后，围绕冰晶的水点会凝固并与冰晶黏在一起，细小的冰晶会吸引更多的水点而逐渐长成更大的冰晶，直至上百个冰晶联系在一起，雪花便会在这样的大气环境中形成，此时形成的雪花形状各异并且独一无二。

　　雪粒子由天上降至地上的速度快慢各异，极小的晶体下降度近乎零，一般雪花则以每秒一米的速度，比溶化中的雪还要快好几倍。每当雪晶碰到过冷的水点时，它们马上凝固在一起，形成的软粒子也就是雪小球，而整个过程被称为"蒙霜"。在温和的区域里，水分子的增加造就了冰晶的生长，从而形成了雪花。

为什么雪花是六边形晶体

　　雪花的形状，涉及水在大气中的结晶过程。大气中的水分子在冷却到冰点以下时，就开始凝华，而形成水的晶体，即冰晶。冰晶和其他一切晶体一样，其最基本的性质就是具有自己的规则的几何外形。冰晶属六方晶系，六方晶系具有四个结晶轴，其中三个辅轴在一个平面上，互相以六十度角相交；另一主轴与这三个辅轴组成的平面垂直。六方晶系的最典型形状是六棱柱体。然而结晶过程中主轴方向晶体发育是非常慢的，而辅轴方向发育较快时，晶体就呈现出六边形片状。

暴雪的预警

什么是暴雪

暴雪是指特别大的降雪过程，一般它会给人们的生活、出行带来极端的不便。降雪量是气象观测者用一定标准的容器，将收集到的雪融化后测量出的量度，是衡量降雪的级别的标准，如果 24 小时的降雪量（融化成水）大于等于 10 毫米便可称为暴雪。

暴雪蓝色预警

12 小时内降雪量将达 4 毫米以上，或者已达 4 毫米以上并且降雪还将持续，很可能对交通或者农牧业造成影响。

暴雪黄色预警

12 小时内降雪量将达 6 毫米以上，或者已达 6 毫米以上并且降雪持续，很可能对交通或者农牧业造成影响。

暴雪橙色预警

6 小时内降雪量将达 10 毫米以上，或已达 10 毫米以上并且降雪持续，很可能或者已经对交通或者农牧业造成较大影响。

暴雪红色预警

6 小时内降雪量将达 15 毫米以上，或者已达 15 毫米以上并且降雪持续，很可能或者已经对交通或者农牧业造成较大影响。

什么是霰

霰的含义

霰，也叫雪糁或软雹，是一种白色不透明的圆锥形或球形的固态颗粒，属于降水，下降时常显阵性，着硬地常反弹、松脆易碎，多在下雪前或下雪时出现。

霰的性质

霰的结构较一般的雪及微粒较为密实，霰的这种结构是外覆的霜所造成，结合体的重量及低黏性使得表层无法稳固在斜坡上，厚度在 20 至 30 厘米的

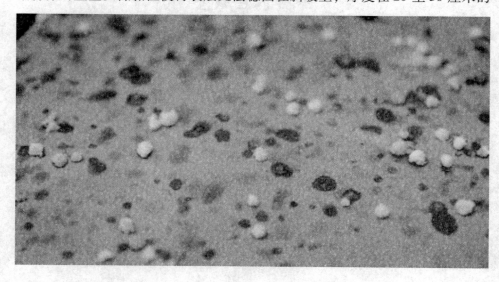

表层仍会有大雪崩的风险。由于气温及霰的特性，霰于雪崩后约一至两天变为较紧密及稳固。

霰的直径一般在 0.3 到 2.5 毫米之间，性质松脆，很容易压碎。霰不属于雪的范畴，但它也是一种大气固态降水。常发生在 0℃，也可能存在 −40℃ 附近的温度，而且属于未结冻的状态，霰通常于下雪前或下雪时出现。

霰的形成原因

在空气温度下降到一定程度时，雪晶可能接触到过冷云滴，这种小滴的直径约 10 微米，于 −40℃ 时仍呈液态，较正常的冰点低许多。雪晶与过冷云滴的接触导致过冷云滴在雪晶的表面凝结。晶体增长的过程即为凝积作用，雪晶的表面有许多极冷的小滴而成为霜，当此过程持续使原本雪晶形消失则称为霰。

区别霰与冰雹的方法

霰和冰雹的主要区别是霰比较松散，而冰雹很硬；霰常出现在降雪前或与雪同时降落，冰雹常出现在对流活动较强的夏秋季节。

雨夹雪的成因

雨雪同时降落

雨夹雪也就是指雨滴和雪同时降落的一种天气现象。这种现象并不罕见，雪是水的结晶体，天空中的云遇到冷空气，温度下降，水汽在低温和微小尘埃的共同作用下便会形成冰晶。体积不断增大，密度超过了空气就掉下来了，也就是下雪了。当然，晴朗的天空一般是不会下雪的。然而由于云层的不同，一层降下的是雪，另一层则是雨，所以会出现雨夹雪这种天气现象。

出现雨夹雪的原因

之所以会出现雨夹雪，是因为大气层高度不同，它的气温也会不同。当雨雪天气时，大气从地面到高空云层的温度是由高到低的变化，降水云层温

度低于零度时水蒸气凝成结晶体，就会下雪，如果高于零度就下雨。但有时候大气温度已经低于零度了而地面温度还是零度以上时，空中降下的是雪花接近地面时开始融化，小的雪花就化成雨滴，大的可能还是没完全融化还处于结晶状态，仍然是雪花，于是这样就出现了雨夹雪的天气。

夏天会有雨夹雪吗

炎夏季节，大气零度层一般离地面有三四千米的距离，而雪花、雹块、不稳定的过冷水等只可能出现在零度层。由于冰雹本身不容易融化，夏天也常能见到，然而雪花从高空落下，不融化，实属罕见。

由于积雨云体积不大，云层的零度层也不是等高面分布的。其局部会凹向地面，这些云层里，含有雪花和雹块。在炎热的夏天，冷暖气流对流剧烈，突起的大风将含有雪花、雹块的低空积雨云迅速拉向地面。由于局部气温过低，这时候在局部地域出现短时间的炎夏雪花飞舞的场景也是有可能出现的。

风吹雪

什么是风吹雪

风吹雪是指由气流挟带起分散的雪粒在近地面运行的多相流,又称风雪流,简称吹雪。它是一种较为复杂的特殊流体,有较大的危害性。

风吹雪是如何形成的

风吹雪的形成主要是源于起动风速和雪的输送。前者是指使雪粒起动运行的临界风速,它的大小既和雪的密度、粒径、粘滞系数等有关,又与太阳辐射、气温、地面粗糙度等外界条件相关。达到起动风速后,气流沿积雪表面呈现为水平与垂直方向的微小涡旋群把雪粒卷起,并以跳跃、滚动、蠕动和悬浮形式在地面或近地气层中运行。一般来说,气温从 –23℃升至 –6℃时,高出地面 1 米的雪的起动风速是在 4 米/秒左右。

气流对雪的输送长度可从数十米到数百米,这取决于风蚀雪面的状况。

风吹雪的不同类型

风吹雪既有季节性的,也有全年不停的风吹雪。风吹雪依据雪粒的吹扬高度、吹雪的强度及对能见度的影响,有不同的种类,可分成 3 类。

低吹雪,指地面上的雪被气流吹起贴地运行,吹扬高度在 2 米以下。

高吹雪,指较强气流将地面雪卷起,吹扬高度达 2 米以上,水平能见度小于 10 千米。

暴风雪,指大量的雪随暴风飘行,风速达 17.2 米/秒以上,伴有强烈降温,水平能见度小于 1000 米(天空是否有降雪难以判定)。

雪崩的发生

什么是雪崩

雪崩有干雪崩和湿雪崩之分，一般是指积雪顺沟槽或山坡向下滑动引起雪体崩塌的现象。当山坡积雪内部的内聚力抗拒不了它所受到的重力拉引时，便向下滑动，引起大量雪体崩塌，因此有的地方把它叫作"雪塌方""雪流沙"或"推山雪"。同时，它还能引起山体滑坡、山崩和泥石流等可怕的自然现象的发生。因此，雪崩被人们列为积雪山区的一种严重自然灾害。

雪崩的成因

雪崩一般只会发生在经常有积雪的地方，一旦积雪太厚，便很容易发生雪崩。积雪经阳光照射以后，表层雪溶化，雪水渗入积雪和山坡之间，从而使积雪与地面的摩擦力减小；与此同时，积雪层在重力作用下，开始向下滑动，积雪大量滑动造成雪崩。此外，地震震裂雪面也会导致积雪下滑造成雪崩。

雪崩类别

雪崩也有类别，根据雪崩的特征，人们一般把雪崩分成 4 种类别。即块状雪崩、松软的雪片崩落、坚固的雪片崩落、空降雪崩。

当山坡雪下滑时，有时像一堆尚未凝固的水泥般缓缓流动，有时会被障碍物挡住去路，有时大量积雪急滑或崩泻，挟带着强大气流冲下山坡，这样会形成较少见的板状雪崩。

在斜坡背后会形成缝隙缺口。它给人的感觉是很硬实和安全，但最细微的碰撞或者干扰，就能使雪片发生崩落，这时形成的雪崩叫作松软的雪片崩落。

坚固的雪花崩落时的雪片有一种欺骗性的坚固表面，它由于大风和温度猛然下降造成。有时走在上面能产生隆隆的声音。爬山者和滑雪者的运动就像一个扳机，能使整个雪块或大量危险冰块崩落。

另外一种是空降雪崩，在严寒干燥的环境中，持续不断新下的雪落在已有的坚固的冰面上可能会引发雪片崩落，这些粉状雪片以每秒 90 米的速度下落，从而形成了空降雪崩。

雪崩发生的时间

雪崩之所以叫雪崩，它的一大前提便是要有雪，所以大多数的雪崩都发生在冬天或者春天降雪非常大的时候。特别是暴风雪爆发前后。这时的雪非常松软，粘合力比较小，一旦一小块被破坏了，剩下的部分就会像一盘散沙或是多米诺骨牌一样，产生连锁反应而飞速下滑。

春季，由于解冻期长，气温升高时，积雪表面融化，雪水就会一滴滴地渗透到雪层深处，让原本结实的雪变得松散起来，大大降低积雪之间的内聚力和抗断强度，使雪层之间很容易产生滑动导致雪下滑造成雪崩。

何谓"三九天"

"十九"天

"一九二九不出手，三九四九冰上走，五九六九看杨柳，七九河开，八九燕来，九九加一九，耕牛遍地走。"这是中国传统的节气口诀，在人们看来，一年中最冷的时节就是三九四九。

如何计算"三九"天

按照中国传统的节气口诀，我们可以学会计算"三九"天。

我国阴历有计算时令的"数九"说法，就是从冬至日算起，每9天为一"九"，第一个9天叫"一九"，第二个九天叫"二九"，依此类推，一直到"九九"数满81天为止。"三九"就是指冬至后的第三个9天，即冬至后的第十九天到第二十七天。

最是寒冷三九天

从中国传统的节气口诀可以看出，"三九天"是一年中最冷的时间。但在实际的生活中"三九天"并非指冬至后第三个9天，而是"三九"和"四九"相交之日，也就是冬至之后的第二个18天，这段时间才是一年中最冷的时候，各地冰天雪地，冰厚的可以在上面行走，冷得可以冻死猪狗。

就气象学方面来说，依然是"冷在三九"。因为到了"三九"，地面接受的太阳热量较少，夜间散热超过白天所吸收的热量，这时地面储存的热量已消耗殆尽，由于热量入不敷出，从而造成地面温度逐渐下降，天气越来越冷，如果有冷空气的影响，天气就变得严寒了，所以，"三九"天气最寒冷。

倒春寒

春寒回，寒气袭人

春天是一年中冷暖比较适宜的季节，但这并不意味着"暖风熏得游人醉"的感觉时刻都存在，因为"春寒料峭"足以"寒气袭人"。

倒春寒的形成

在气象学中，春季是气温、气流、气压等气象要素变化最无常的季节，在春季天气回暖过程中，会遇到冷空气的侵入，使气温明显降低，常常造成初春气温回升较快。而在春季后期会出现气温较正常年份偏低的天气现象，这种"前春暖，后春寒"的天气称为倒春寒。

早春蔬菜要防倒春寒

进入 3 月作为春天的开始，气温回升较快，真正的春天平均气温应该超过 10℃，然而春天气候多变，虽然春天在逐步回暖，但早晚还是比较寒冷，冷空气活动的次数也较为频繁，有时长期阴雨天气或频繁的冷空气侵袭，抑或持续冷高压控制下晴朗夜晚的强辐射冷却就造成了气温下降，可使气温猛降至 10℃ 以下，如果冷空气较强，甚至会出现雨雪天气，因此形成"倒春寒"现象。

倒春寒的影响

　　在中国的节气谚语中有"春捂秋冻"之说，也就是说，虽然春天已经到来，但是还应该注意穿衣，春季气候的最大的特点就是乍暖还寒，因为春季的气温日夜温差较大；并且春季冷空气活动频繁，天气变化较多。在中国，春季是由冬季风转变为夏季风的过渡时期，这期间常有从西北地区来的间歇性冷空气侵袭，冷空气南下与南方暖湿空气相持，形成持续性低温阴雨天气。

　　这种天气不仅会造成大范围地区农作物受冻害，而且对于人的健康也是非常不利的，一冷一热，气温日夜温差较大。老人和孩子以及体质较弱的人容易生病，特别是脑血管病人，春季是发病的高危季节，要注意及时保暖，并进行适当的锻炼以减少疾病的发生。

冰的形成

晶莹透亮的冰

冰是冬天水结冻之后变成的，冰点点滴滴裹嵌在草木之上，湖泊或者河流，结成各式各样美丽的景象，好像进入了琉璃世界，晶莹剔透。

冰是如何产生的

冰是由水冷凝结成的无色透明的固体，透明洁白，温度较低。一般来说，0℃以下的水才可以结成冰，当温度下降到刚好0℃时，不会立刻结冰，在长

期标准气压和恒温0℃的情况下，会出现冰水混合现象。当温度下降到0℃以下时，水分子运动速度急速降低，较长时间保持低温，以极微速度运动的水分子以一定的方式较稳固的排列在一起，失去流动性，最终导致水成为固体的冰。

冬天，气象学中所说的出现的结冰现象就是因为气温长期低于0℃，不运动的水逐渐凝结而成的。

多姿多态的冰

虽然冰是由水凝结而成，但是水并不是完全纯净的，也可能会有各种杂质，所以冰会形成各种形状的晶体，有时因为附着的面不同也会形成不同的姿态，所以小到冰花、冰挂，大到冰河、冰川都是冰的不同形态。

在气象学中，冰雹就是一种冰，在对流云中，水汽随气流上升遇冷会凝结成小水滴，随着高度增加温度持续降低，当达到摄氏零度以下时，水滴就凝结成冰粒，并在上升运动过程中不断吸附其周围小冰粒或水滴而逐渐长大，直到变成固态冰粒从天上掉下来，就称为冰雹。

冰川奇观

白茫茫的冰川

在七大洲的寒冷地区，长期的严寒使水不断地结成冰，冰层不断的堆积，形成了自身独特的地理景观，即大片的冰川，这些白茫茫的冰川装点着世界。

冰川的形成及特点

冰川也称冰河，是由大量的冰块堆积形成的，在终年冰封的高山或两极地区，多年的积雪经重力或冰河之间的压力，沿斜坡向下滑形成冰川。冰川分为大陆冰川和山岳冰川两大类，受冰河之间的压力作用而移动的则称为大陆冰河或冰帽。受重力作用而移动的冰河称为山岳冰河，如在南极和北极圈内的格陵兰岛上，冰川是发育在一片大陆上的，因此被称之为大陆冰川，而

在其他地区发育在高山上的冰川，被称为山岳冰川。

冰川也一般产生在气候比较寒冷的地区，这些地方的水不断堆积后结冰，遇到寒冷的气候最终形成巨大的冰川。冰川是不断运动的，由于冰川的面积很大，所以他的运动速度是非常缓慢的。

哭泣的冰川

冰川的覆盖范围较广，地球上陆地面积的 1/10 为冰川所覆盖，是地球上最大的淡水资源，4/5 的淡水资源就储存于冰川之中，冰川也是地球上继海洋之后最大的天然水库。

随着气候逐渐变暖，人类破坏环境导致的全球气候不断恶化，世界上的冰川也在不断地融化，欧洲山区冰川损失最为严重，阿尔卑斯山脉在过去一个世纪已失去了一半的冰川。占世界冰储量 91% 的南极冰盖，自 1998 年以来已经消失了 1/7 的冰体。冰川融化导致的恶果不仅使全球的淡水资源减少，还可能导致海平面上升，这些都将会对全球的气候将会造成严重影响，而人类赖以生存的自然环境也会随之改变。

冰架——无比巨大的冰

冰架的形成

在寒冷的地区，陆地上会有大面积的冰冻，这些冰冻形成了冰架，匍匐在寒冷的两极地区，冰架有大有小，大的冰架甚至有数万平方千米。

厚大的冰

冰架又称冰棚，是陆地冰延伸到海洋的一片厚大的冰，是冰川或冰床流到海岸线上形成的。简而言之冰架就是与大陆冰相连的海上大面积的固定浮冰。冰架在自身重力的作用下，以每年 1～30 米的速度，从内陆高原向内部沿海地区滑动，形成了几千条冰川。冰川在入海处既不破碎，又很少消融，就形成了海上冰架。

以南极冰架的形成为例，在南极大陆周围，越接近大陆的边缘，冰层变得越薄，并伸向海洋。在海洋，海冰浮在水面上，形成了宽广的冰架。冰架就是南极冰盖向海洋中的延伸部分。

冰架如今只能在南极洲、加拿大和格陵兰才能找到，两极地区是冰架最为集中的地区，其中南极洲冰架最多，平均厚度在 2000～2500 米之间，最厚的有 4800 米，覆盖面积达 1200 平方千米，总体积达 2450 万立方千米。

冰架崩解

　　冰架是一个巨大的低温体，一般很少消融，但是冰架会出现崩解，冰架崩解是一种自然现象，是冰架自身重力和运动的结果，随着全球变暖的趋势，冰架开始大面积崩解，断裂的冰架渐渐漂移到海洋中，形成巨大的冰山。在2002年，因南极半岛的夏季持续温暖，拉尔森冰架崩解，它的崩解使与之相连的众多冰川遭受到巨大影响。

冰山的形成与特色

冰山的宿命

冰架断裂会形成一些巨大的冰山，这些冰山漂浮在海面上，或生存，或消融，迎接着属于自己不可预知的未来。

冰山的形成

冰山是由于冰川边缘凸向海洋中的部分在风、浪和潮水作用下碎裂而成。一般是由冰川碎裂而成的，形状多变的、露出海面高度 5 米以上的巨大冰块，

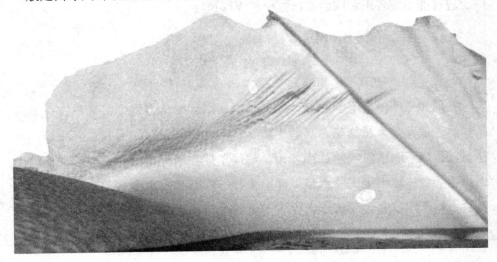

南极冰山

冰山形状不一，有平顶、圆顶、倾斜、尖塔或山峰状及风化的或不规则状。

地球上的冰山一般都分布在两极地区，因为那些地方得到的太阳热量少，气候终年严寒，一年四季都堆积着冰雪。冰雪是以冰川的形式贮存和运动着，在两极地带的冰川、入海口处常结成巨大的冰块，一旦发生断裂，这些巨大的冰块就进入海洋。由于水的浮力，或是在风浪和潮水作用下碎裂、折断，或是在自身重量的压迫下缓慢地向海边移动，成为一块漂浮在海上的巨冰，这就形成了冰山。

运动的冰山

冰山的面积是非常大的，冰山水上部分的体积大约只有总体积的 1/7。1956 年发现的世界最大冰山长 335 千米，宽 97 千米，面积达 31000 平方千米，相当于比利时一个国家的面积。

一般情况下冰山是不断漂移的，冰山的运动与大气环流、表层水流相一致，大多数的冰山的漂移取决于海流，冰山漂移轨迹常常形成闭合式圆环。但是由于受到水文气象要素的综合影响，冰山运动相当复杂，就算在同一海区，也可能出现各不相同的漂移方向和漂移速度。

冰山的内在魅力

我们知道冰山是不断在移动的，冰山在漂移融化过程中，释放铁一类的矿物质，使藻类大量繁殖。这些生物体富含叶绿素，它们吸收二氧化碳，产生氧气；海燕和南极臭鸥涌向冰山，从那里捕食磷虾；磷虾成群活动，以浮游植物为食；冰山周围的水母以浮游生物、磷虾和小鱼为食；冰鱼也以磷虾为食，科学家研究还发现冰山对海洋里的鲸鱼有很强的吸引作用，很多鲸鱼之所以也对冰山恋恋不舍，是因为冰山周围有它们需要的"美味佳肴"。

冻雨的成因与危害

冻雨是如何形成的

雨落在树木电线等物体上会迅速结成了冰，是初冬或冬末春初时节见到的一种天气现象，老百姓习惯叫"滴水成冰"，气象学上叫"冻雨"。

晶莹冰层

冻雨多发生在冬季和早春时期。当较强的冷空气南下遇到暖湿气流时，冷空气会插在暖空气的下方，近地层气温会降到0℃以下，当雨滴从空中落下

来时，遇到气温很低的电线杆、树木、植被及道路表面时会冻结上一层晶莹透亮的薄冰，即"冻雨"。

冻雨是由过冷水滴组成的，与温度低于0℃的物体碰撞便立即冻结的降水，如遇毛毛雨时，则出现沙粒状的小冰粒，这些冰粒表面粗糙，粒状结构清晰可辨；如果遇到的是较大雨滴或降雨强度较大时，雨滴不断地打落在这些结了冰的物体表面时，就会形成表面光滑，透明密实的冰挂，常挂在电线、树枝上，一边流一边冻，慢慢地形成一条条冰柱。太阳出来后，在阳光的照射下冰柱闪闪发亮，成为大自然中秀丽动人的一道风景。

冻雨的负面影响

冻雨是一种灾害性的天气现象，是在特定的天气背景下产生的降水现象。"冻雨"落在电线、树枝、地面上，随即结成外表光滑的一层薄冰，冰越结越厚，如果重量超过物体的承载能力的时候，就会产生危害。冻雨在电线上大量冻结积累后会拉倒电线杆，中断电讯和输电，妨碍公路和铁路交通，威胁飞机的飞行安全，公路因地面结冰而受阻，交通事故也会因此增多。冻雨还会大面积地破坏树木、冻死田里的作物，严重的冻雨还会把房子压塌。

冰凌的形成

河上的冰

冬天，当气温达到一定的程度的时候，河会结冰，形成大的冰凌，当春暖花开的时候，冰凌消融凌汛随之而来，给人们的安全带来威胁。

冬天，当气温低于河流中的水温时，水体开始失热。当气温继续下降，河里的水会在0℃或低于0℃，这时候河流开始在岸边和水内结冰，河流由于水流的紊乱混合作用，会在水内和河底同时结冰，凝结成的固体称为冰，流动的冰称为凌，冰凌就是这样形成的。冰凌是自然界的一种奇观，给人带来意想不到的壮美，但是如果控制不好，就会变成灾害，也就是所谓的凌洪和凌汛。冰凌有时可以聚集成冰塞或冰坝，造成水位大幅度抬高，最终漫滩或决堤，称为凌洪。

什么叫凌汛

凌汛，俗称冰排，是冰凌对水流产生阻力而引起的江河水位明显上涨的水文现象。因为冬季下游的河道会结冰，而由于温差的原因，上游河道封冻晚，开河早，当来自上游的冰水冲击下来的时候，下游河面还结着厚厚的冰，这样就会造成冰凌拥塞，水位上涨，就形成了凌汛。当天气稍微暖和的时候，河里的某些固体的冰会变成流动的冰凌，就会发生凌汛现象，凌汛只在地处较高纬度地区的河流才有。

凌汛的形成条件和危害性

凌汛还受气温、水温、流量与河道形态等几方面因素的综合影响。要判断河流是否有凌汛，要具备河段从低纬流向高纬的条件，而且处于中高纬度，有结冰期。

首先从气温来看，气温变化的规律是低纬度河道冰冻的时间晚，但是气温回暖的时间早，气温在0℃的时候也短，而高纬度河道却与之相反，河道冰冻的时间早，回暖的时间比较晚，零下气温持续的时间长。由相此可得结论低纬度河道封冻晚，解冻早，封冻历时短，冰层比较薄；高纬度河道封冻早，解冻晚，封冻历时长，冰层比较厚。

如果某一河段因气温升高或流量增大而开河时，水会挟带大量冰块急剧下泄，而下河段可能因气温差异尚未解冻，在上游来水的动力作用下，造成冰坝阻塞河道，从而致使水位陡涨，形成凌汛灾害。

其次是水温和流量对凌汛的影响。在冬季的封河期和春季的开河期都有可能发生凌汛，因为水的流量大小和流速快慢对封冻、解冻与输冰能力都有直接影响，这时候天气回暖，水表有冰层，并且破裂成块状，冰下有水流，

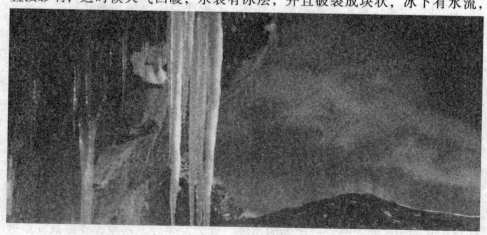

夹金山冰凌

流量发挥对冰情的热力作用和水力作用，使其在在河槽稳定的条件下流量和流速同时变大，这个时候搬运冰块的能力也会增大。带动冰块向下游运动，速度加快当河堤狭窄时冰层不断堆积，造成对堤坝的压力过大，就会发生凌汛。

除上述之外河道形态对于冰情、凌汛的变化影响也很大，弯曲型河段常常会卡住过往的冰块造成决堤，这种凌汛对于河道和沿岸的安全都是一种威胁。而宽、浅、乱的河段，河床宽浅，河形散乱，流速较小，冰块也易搁浅堵塞河道。

凌汛成因的复杂性和表现的特殊性决定了凌汛的危害性，河道封冻后会阻拦一部分上游来水，这时河槽的蓄水量不断增加，若解冻开河，被拦蓄的水量会急剧释放出来，巨大的水流冲击力会造成堤防坍塌等危险，甚至发生决口，对河道、堤防工程具有极大的破坏性。

冷湖效应

为什么要设冷湖效应

近年来，不断传出云南丽江的玉龙雪山积雪冰川融化的消息，据说玉龙雪山"19 条冰川已有 4 条消失"。针对玉龙雪山冰川融化之痛，人们开出的药方之一就是"冷湖效应"——在玉龙雪山修建人工湖泊来增加附近地区的降水量，使之产生"冷湖效应"。

什么是冷湖效应

盛夏季节，由于地面状况不同，空气受热程度就会出现很大的差异。特别是陆地裸露地，当太阳光到达地面后，很容易被反射到大气中，加之地面热容量小，特别是中午前后，有接太阳暴晒就使得近地层上空气温度很高，成为一个"热源"。而湖泊或江面上空，由于下面是水，阳光可以透射一部分，反射到空中的热量较少，与此同时的热容量较大，这样就使得水面上空的温度相对较低，这就是我们常说的"冷湖效应"。

冷湖效应的体现

在陆地上，有些地方增温较快，温度较高，可以连续不断地提供水汽和上升气流。使雷雨云团一直上升，然而当雷雨云团移到江河湖泊上空时，由于下垫面的"冷湖效应"，空气下沉，雷雨云团得不到上升的动力和水汽的输送，因此，它就会马上减弱甚至停止。

乳白天空

致命的奇观

南极是地球上最后一个被发现、唯一没有土著人居住的大陆，那里存在着一种鲜为人知的可怕自然奇观。它就是南极的独特天气，它被称为"乳白天空"。乳白色的天空给人带来了神奇的景观，同时带来的还有致命的危险。

白茫茫的天地

乳白天空又名乳白景象，是南极的一种天气现象，也是南极洲的自然奇观之一。它是由极地的低温与冷空气相互作用而形成的。在极地区域，到处是积雪和冰层，如果此时天空也均匀地充满云层，那么当阳光射到冰层上时，会立刻反射到低空的云层，而低空云层中无数细小的雪粒又将光线散射开来，再反射到地面的冰层上。如此来回的反射，便产生了乳白色光线，形成乳白色天空，地面景物和天空均处于白茫茫一片之中的景象。

出现乳白天空时，天地之间浑然一片，很难识别地平线与云层，一切景物都看不见，好似融入浓稠的乳白色牛奶里，深度与方向难以判别，人的视觉会分不清远近、大小，在视界内的黑暗物体则似乎"悬浮"在某一不确定的距离处，意识也会消失，严重时还能使人头昏目眩，失去知觉而丧命。

乳白色的迷惑

　　乳白天空是极地探险家、科学家和极地飞行器极其不愿意遇到的。很多的探险家和极地飞行器就是因为遇到乳白色天空失去控制而坠机殒命。乳白天空虽然对人类在南极的活动构成危险，但只要事先进行有针对性的训练，作好安全防范措施，还是可以避免的。如果有机会就要抓紧时间绕道躲开，如果躲不过，就待在原地不动，注意保暖，耐心等待乳白天空的消失。

寒潮的特点与影响

寒流来袭

冬天是一年中最寒冷的季节，在冬天的寒冷天气中，还会出现比平常更为寒冷的天气，比如，降温、大风，甚至大雪，这就是寒流来袭。

寒潮的具体含义

寒潮一般多发生在秋末、冬季、初春时节，是冬季的一种灾害性天气，群众习惯把寒潮称为寒流。所谓寒潮，就是一种大面积的冷空气侵袭，来自高纬度地区的寒冷空气向中低纬度地区侵入，并且在特定天气形势下迅速加强，造成沿途大范围的剧烈降温和大风、甚至雨雪，而这样的天气称为寒潮天气。

我国气象部门规定：冷空气南侵达到一定标准的才称为寒潮，只有冷空气侵入造成的降温引起气温 24 小时内下降 8℃以上，且最低气温下降到 4℃以下；或 48 小时内气温下降 10℃以上，且最低气温下降到 4℃以下；或 72 小时内气温连续下降 12℃以上，并且最低气温在 4℃以下。则此冷空气爆发过程为一次寒潮过程。由此可见，并不是每一次冷空气南下都称为寒潮。只有达到一定标准的南侵才可称为寒潮。

寒潮的特点

　　高纬度地区一年到头受太阳光的斜射，由于太阳光照弱，地面和大气获得热量少，因此常年冰天雪地。特别是到了冬天，太阳光照射的角度越来越小，寒冷程度更加增强，范围也进一步扩大，因此，地面吸收的太阳光热量也越来越少，地表面的温度变得很低。气温很低，大气的密度就要大大增加，空气不断收缩下沉，使气压增高，这样便形成一个势力强大的冷高压气团。

　　范围很大的冷气团聚集到一定程度，在适宜的高空大气环流作用下，就会大规模向南入侵，形成寒潮天气。寒潮爆发后，气温回升，气压也随之降低。但经过一段时间后，冷空气又重新聚集堆积起来，孕育着一次新寒潮的爆发。

寒潮爆发在不同的地域环境下具有不同的特点，寒潮最大的特点就是气温急剧下降，气温不稳定、变化异常，随之引起狂风呼啸，有时陆上风力可达 8 级，海上风力可达 10 级，极易引发沙尘暴天气之后出现降水、大雪或者冻雨，寒潮过后还会出现低温和霜冻。

寒潮的双重影响

通常提起寒潮，人们自然而然想到的是强冷空气带来的大风、降温天气，而把它认为成一种灾害性天气。因为寒潮带来的雨雪和冰冻天气会对人的身体带来影响，大风降温天气容易引发感冒等疾病，有时还会使患者的病情加重。对人的生活也是一种考验，寒潮袭来会给人的出行带来不便，给交通运输带来危害。

但是寒潮并不是一无是处的，对人们的生活方面，它也有有益的影响。首先寒潮有助于地球表面热量交换，携带大量冷空气向低纬度倾泻，使地面热量进行大规模交换，这有助于自然界的生态保持平衡。其次寒潮会带来大范围的雨雪天气，大雪覆盖在越冬农作物上，能起到抗寒保温作用。同时雪水还有利于缓解冬天的旱情，使农作物受益。然后寒潮带来的低温，还能大量杀死潜伏在土中过冬的害虫和病菌，减少病虫害。最后寒潮还可能带来风资源，为风力发电提供保障。

什么是"三伏天"

夏天中的夏天

三伏天是一年中最热的几天，在中国民间谚语中被称为"伏邪"，宜伏不宜动，这几天对人的影响是很大的。

三伏天的由来

三伏天出现在小暑与大暑之间，是一年中气温最高且又潮湿、闷热的日子。三伏是按农历计算的，大约处在阳历的 7 月中旬至 8 月上旬间，按照我国古代流行的"干支纪日法"划分三伏天，就是夏至之后的第三个天干的庚日。每逢有庚字的日子叫庚日，庚日每 10 天重复一次。从夏至开始，第三个庚日为初伏，第四个庚日为中伏，立秋后第一个庚日为末伏。所以进入三伏天之后，都是很热的，特别是第三伏的十天是最热的。

从气象学来说，七八月份副热带高压加强，在副高的控制下，高压内部的下沉气流，使天气晴朗少云，这样的天气有利于阳光照射，地面辐射增温，天气就更热。入伏后地表湿度变大，每天吸收的热量多，散发的热量少，地表层的热量日渐累积下来。进入三伏，地面积累热量达到最高峰，天气就最热。除此之外，夏季雨水多，空气湿度大，天气比较闷热。

三伏天需防中暑

因为三伏天温度比较高，人长期处在高温状态下容易造成体内水平衡的紊乱，而且这段时期的天气雨水多，空气湿度大比较闷热，人的呼吸及机体的调节容易不平衡，所以人会发生中暑现象。

热浪——可怕的杀人浪

夏天里的"杀手"——热浪

炎热的夏天一浪高过一浪的高温天气频频向人们袭来，这种天气造成的热浪甚至可以引起人类的死亡，所以热浪是一种可怕的天气现象。

杀人浪

热浪通常是指夏季里所出现的35℃以上的持续高温且常伴有过高湿度的暑热天气。热浪可以指天气持续地保持过度的炎热，也有可能伴随有很高的湿度。一般可以持续几天甚至几周，这一极端天气会使人体耐力超过极限而导致死亡，所以又称为杀人浪，全世界每年都有数千人因热浪袭击而致死。

盛夏季节，导致热浪的直接原因是在此期间天气中出现反气旋或高压脊现象，而反气旋导致气候干燥，气温升高，从而出现高温酷热天气。

高温与热浪的关系

　　高温与热浪两者存在互为因果的关系，高温是热浪的结果，热浪是高温形成的原因，并不等于说所有的高温都是热浪袭击引起的。热浪具有周期性和偶发性的特点，频发于夏季，由于热浪发生的区域、时间、频次和强度都是不断变化的，所以热浪的发生是相对来讲的，对一个较热气候地区来说是正常的温度，对一个通常较冷的地区来说可能是热浪。

　　热浪除了受副热带高压影响之外，人为的因素也不能不引起重视，热浪与全球气候变暖、城市的温室效应、热岛效应，以及臭氧层破坏造成太阳辐射过强等都有关系，这些因素都加剧了热浪的发生，而且伴随着热浪频率和强度的增加，热浪将更严重。

第二章

二十四节气

追溯二十四节气之源

二十四节气的形成与历史沿袭

二十四节气是中国古代人们通过观察天文、气象与农业生产之间的关系逐渐创造出来的一种历法。

太阳东升西落，月亮时圆时缺，星宿在移动。人们不但感觉到这些天体与气温有关系，而且发现它们的移动和变化是有规律的。

周朝和春秋时代的人们就用土圭来测日影，根据日影的长度制定了春分、夏至、秋分和冬至。

到了秦朝，反映四季开始的四个节气出现了，它们是立春、立夏、立秋、立冬。所以那时节气有八个，即立春、春分、立夏、夏至、立秋、秋分、立冬、冬至。

历时数千年，到了汉代，既反映季节，又反映气候现象和气候变化、能

太阳

月亮

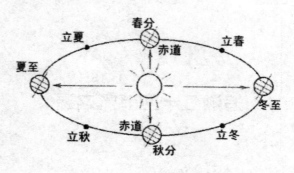

八个节气图

够为农牧业提供生产日程的二十四节气终于全部完备。它们与反映月亮圆亏、星宿移动的记录都被记载在史书中。

在人类社会早期，人们根据动植物的生态和天气变化来判断和掌握农事季节。例如，布谷鸟叫了，就该插秧了；野菊花开了，就该种麦子了。这些内容也被纳入节气的细分中，形成了"二十四节气、七十二候应"。比如春分的三候为：初候，玄鸟至；二候，雷乃发声；三候，始电。春分的初候"玄鸟至"，意思是燕子来了。五日一候，一个节气有三候，因此二十四节气总共是七十二候。

七十二候如下：

立春：立春之日东风解冻，又五日蛰虫始振，又五日鱼上冰。

雨水：雨水之日獭祭鱼，又五日鸿雁来，又五日草木萌动。

惊蛰：惊蛰之日桃始华，又五日仓庚鸣，又五日鹰化为鸠。

春分：春分之日玄鸟至，又五日雷乃发声，又五日始电。

清明：谷雨之日桐始华，又五日田鼠化为鴽，又五日虹始见。

谷雨：清明之日萍始生，又五日鸣鸠拂奇羽，又五日戴胜降于桑。

立夏：立夏之日蝼蝈鸣，又五日蚯蚓出，又五日王瓜生。

小满：小满之日苦菜秀，又五日靡草死，又五日小暑将至。

芒种：芒种之日螳螂生，又五日鵙始鸣，又五日反舌无声。

夏至：夏至之日鹿角解，又五日蝉始鸣，又五日半夏生。

小暑：小暑之日温风至，又五日蟋蟀居壁，又五日鹰乃学习。

大暑：大暑之日腐草为蠲，又五日土润溽暑，又五日大雨时行。

立秋：立秋之日凉风至，又五日白露降，又五日寒蝉鸣。

处暑：处暑之日鹰乃祭鸟，又五日天地始肃，又五日禾乃登。

白露：白露之日鸿雁来，又五日玄鸟归，又五日群鸟养羞。

秋分：秋分之日雷始收声，又五日蛰虫培户，又五日水始涸。

寒露：寒露之日鸿雁来宾，又五日雀入大水为蛤，又五日菊有黄华。

霜降：霜降之日豺乃祭兽，又五日草木黄落，又五日蛰虫成俯。

立冬：立冬之日水始冰，又五日地始冻，又五日雉入大水为蜃。

小雪：小雪之日虹藏不见，又五日天气上腾地气下降，又五日闭塞成冬。

大雪：大雪之日鹖旦不鸣，又五日虎始交，又五日荔挺生。

冬至：冬至之日蚯蚓结，又五日麋角解，又五日水泉动。

小寒：小寒之日雁归北乡，又五日鹊始做巢，又五日雉始雊。

大寒：大寒之日鸡使乳，又五日征鸟厉疾，又五日水泽腹坚。

自隋、唐起，宋、元、明、清各个朝代的历书都沿用二十四节气七十二候。

中国幅员辽阔，有些候应并非真实的反映了物候现象，有些不符合科学，有些字词也难于理解。新中国成立后，新的农历便不再沿用旧的"候应"了。

需要说明的是二十四节气是黄河中下游地区人民总结的产物，与其他地区的物候及农业生产并不完全对应。比如，华北种麦的适期是"白露早，寒露迟，秋分种麦正当时"，浙江则是"寒露早，立冬迟，霜降前后正当时"。我们今天了解节气的意义，与其说要从中得到种地的指南，不如说是要从中找到炎黄子孙生生不息的精神之源。

节气的这些特点是人们长期观察积累下来的，一些典籍记录了相关内容，使我们有幸享用这个农耕时代的遗产。

有趣的是，七十二候传入邻国日本后也得到了发展，如夏至三候，日本是：初候"乃东枯"，即夏草枯的意思；二候"菖蒲华"，即菖蒲开花；三候"半夏生"，三候与中国的记载一样。

历史典籍上的二十四节气

中国的古典典籍分经、史、子、集四类。"经"指儒家经典，是千百年来指导人们治理国家，统治、教化人民的"圣经"。"史"指各朝各代的历史著作。"子"指各行业、各家各派的记录。"集"指众多文人留下的诗文集等。典籍中二十四节气的记述非常多，举例如下。

1. 经书中的节气

二十四节气在经书中有记载。如《周礼》中除四时外，未见其他节气。《左传》昭公十七年记载了少昊氏以鸟名官的情况：

玄鸟氏，司分者也。玄鸟，燕也。以春分来，秋分去。

伯赵氏，司至者也。伯赵，伯劳也。以夏至鸣，冬至止。

青鸟氏，司启者也。青鸟，鸧鴳也。以立春鸣，立夏止。

丹鸟氏，司闭者也。丹鸟，鷩雉也。以立秋来，立冬去，入大水为蜃。

意思是说，玄鸟，即燕子，春分来，秋分去，以玄鸟命名的官负责主管春分到秋分时段；伯赵，即伯劳鸟，夏至鸣，冬至止，以伯赵命名的官负责主管夏至到冬至时段；青鸟，即鸧鴳，立春鸣，立夏止，以青鸟命名的官主管立春到立夏时段；丹鸟，即鷩雉，立秋来，立冬去，以丹鸟命名的官主管立秋到立冬时段。《礼记·月令》对节气也有记载，不过内容源出于《吕氏春秋》等。

星宿

2. 史书中的节气

二十四节气在史书中也有记载。如《史记·太史公自序》中说："夫阴阳四时、八位、十二度、二十四节各有教令，顺之者昌，逆之者非死则亡，未必然也，故曰'使人拘而多畏'。夫春生夏长，秋收冬藏，此天道之大经也，弗顺则无以为天下纲纪，故曰"四时之大顺，不可失也。"集解张晏曰："八位，八卦位也。十二度，十二次也。二十四节，就中气也。各有禁忌，谓日月也。"《史记》的作者司马迁也曾提到二十四节气，不过他似乎更重视四季的流转，对严格执行二十四节气的教令持怀疑态度。这也许是因为司马迁没有务过农的关系吧。

《汉书》记载了二十四节气的推演方法、星次、星宿和节气的关系等。如卷二十一下、律历志第一下：

推冬至，以策余乘入统岁数，盈弦法得一，名曰大余，不盈者名曰小余。除数如法，则所求冬至日也。求八节，加大余四十五，小余千一十。求二十四气，三其小余，加大余十五，小余千一十。推中部二十四气，皆以元为法。……

危宿

奎宿

诹訾，初危十六度，立春。中营室十四度，惊蛰。今日雨水。于夏为正月，商为二月，周为三月。终于奎四度。降娄，初奎五度，雨水。今日惊蛰。中娄四度，春分。于夏为二月，商为三月，周为四月。终于胃六度。大梁，初胃七度，谷雨。今日清明。中昴八度，清明。今日谷雨，于夏为三月，商为四月，周为五月。终于毕十一度。

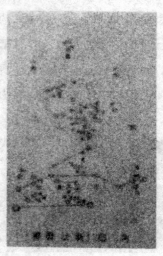

角宿

斗宿

　　实沈，初毕十二度，立夏，中井初，小满。于夏为四月，商为五月，周为六月。终于井十五度。鹑首，初井十六度，芒种。中井三十一度，夏至。

十二次	十二辰	二十八宿
星纪	丑	斗，牛
玄枵	子	女，虚，危
诹訾	亥	室，毕
降娄	戌	奎，娄
大梁	酉	胃，昴，毕
实沈	申	觜，参
鹑首	未	井，鬼
鹑火	午	柳，星，张
鹑尾	巳	翼，轸
寿星	辰	角，亢
大火	卯	氐，房，心
析木	寅	尾，箕

十二星次

七星神

于夏为五月，商为六月，周为七月。终于柳八度。鹑火，初柳九度，小暑。中张三度，大暑。于夏为六月，商为七月，周为八月。终于张十七度。鹑尾，初张十八度，立秋。中冀十五度，处暑。于夏为七月，商为八月，周为九月。终于轸十一度。寿星，初轸十二度，白露。中角十度，秋分。于夏为八月，商为九月，周为十月。终于氐四度。大火，初氐五度，寒露。中房五度，霜降。于夏为九月，商为十月，周为十一月。终于尾九度。析木，初尾十度，立冬。中箕七度，小雪。于夏为十月，商为十一月，周为十二月。终于斗十一度。星纪，初斗十二度，大雪。中牵牛初，冬至。于夏为十一月，商为十二月，周为正月。终于婺女七度。玄枵，初婺女八度，小寒。中危初，大寒。于夏为十二月，商为正月，周为二月，终于危十五度。

星际、玄枵等为十二星次（下页左上表）。明末欧洲天文学传入我国后即以十二星次名来翻译，把黄道十二宫的白羊宫为降娄宫，金牛宫为大梁宫，双子宫为实沈宫，巨蟹宫为鹑首宫，狮子宫为鹑火宫，室女宫为鹑尾宫，天秤宫为寿星宫，天蝎宫为大火宫，人马宫为析木宫，摩羯宫翻译为星纪宫，宝瓶宫为玄枵宫，双鱼宫为鲰訾宫。斗（七星神图）、女、危等为二十八宿。

这些记载可以让我们更加了解两千年前的大致情况。

3. 诸子典籍中的节气

历史典籍中对二十四节气的记载最为全面的，则为先秦的诸子典籍。由于先秦时代，二十四节气似乎已经应用于对农业生产的指导。例如《管子·臣乘马》说：

日至六十日而阳冻释，七十日而阴冻释，阴冻释而艺稷，百日不艺稷，故春事二十五日之内耳。

日至即冬至，冬至后六十日，相当于先秦时期的惊蛰节；冬至后七十五日，相当于先秦时期的雨水节。按十五天为一个周期计算，十五天正好是一个节气。由此推算先秦时期可能已经用二十四节气来计算农时和指导生产了。

二十四节气并非自人初始衍生的，而是人们在历史发展中逐渐确立完善起来的。

周朝和春秋时代用"土圭"测日影。土圭测影，就是利用直立的杆子在正午时测量日影的长短。秦朝《吕氏春秋·十二纪》第一卷孟春纪中记载立春：

是月也，以立春。先立春三日，太史谒之天子曰："某日立春，盛德在木。"天子乃斋。立春之日，天子亲率三公九卿诸侯大夫以迎春于东郊。

意思是说，这个月，要立春。在立春前三天，太史官去拜见天子说，某天立春，应彰显"木"之德。天子开始斋戒。到了立春这一天，天子率领高官贵族在东面郊野迎春。

《吕氏春秋·十二纪》记载的节气为八个，即立春、春分、立夏、夏至、立秋、秋分、立冬、冬至。

还有一些记载中也提及了一些节气，但当时尚未被定名为节气。如在《一月纪》中有"蛰虫始振"，《二月纪》中有"始雨水"，《五月纪》中有"小暑至"，《七月纪》中有"白露降"，《九月纪》中有"霜始降"等，可以说是惊蛰、雨水、小暑、白露、霜降等节气的萌芽。不过这些记载与其他物候现象如"鱼上冰"、"桃始华"、"候雁北"、"凉风至"、"寒蝉鸣"等并提。

到了汉朝，《淮南子·天文训》中已有完整的二十四节气记载，与今天的节气记载完全一样。

《周髀算经》还对每个节气的日影长度作了比较粗略计算的记载。

4. "集"中的节气

集即诗文集。即诗文集中与节气有关的描写。

黄经度和交节时刻的关系

黄道坐标系是指地球公转平面投影到天球上形成的坐标系。黄经，指这个坐标系的天球经度。按天文学惯例，以春分点为起点自西向东度量，分360度。把太阳黄经的360度划分成24等份，每份15度，称为一个节气。两个节气间相隔日数为15天，全年即有二十四节气。二十四节气太阳移至黄经的度数分别为：

立春315度，雨水330度，惊蛰345度，春分360度（0度），清明15度，谷雨30度，立夏45度，小满60度，芒种75度，夏至90度，小暑105度，大暑120度，立秋135度，处暑150度，白露165度，秋分180度，寒露195度，霜降210度，立冬225度，小雪240度，大雪255度，冬至270度，小寒285度，大寒300度。

经近代周密计算，地球围绕太阳运行一周的时间为365天5小时48分46秒；一年24节气，每个节气平均应为15.02天。但实际并非如此。其主要原因是地球绕太阳运行的轨道圈是个略椭圆形，且一年中地球距太阳的距离也是不相等。日地距离之差对地球的运行速度有明显的影响。地球每年在运行到近日点时（1月3日前后），因太阳对地球的引力加大，所以地球的运行速度较快，其运行到黄经度15度需要的日期便有所缩短，节气日期是14～15天；当运行到远日点时（即7月4日前后），因太阳对地球的引力减小，地球的运行速度较慢，其运行到经度15度需要的时间延长，节气日期是15～16天。这就是小寒节气的节气期是14天，而小暑节气的节气期是16天的根本原因。

节气起点以后的24小时是本节气的节气日，从起点到终点之间的时间周期是本节气的节气期。

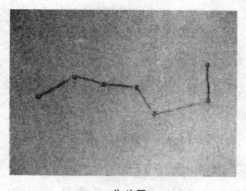

北斗星

因为地球围绕太阳运行的速度不是匀速运行，因此同一节气每年的起点和终点的时刻都有所变动，非固定时刻。如 2006 年清明节气的起点时刻是阳历的四月五日（农历的三月初八）6 时 15 分，起点时刻是早晨；谷雨节气的起点时刻是 4 月 20 日（农历三月二十三日）13 时 26 分，起点时间是午间；立夏节气的起点时刻是 5 月 5 日（农历四月初八）23 时 31 分，起点时刻是半夜。这些节气的起点时刻，是天文部门根据地球围绕太阳运转的速度计算出来的，并且它们每年都有所变动。

对于二十四节气交节时间，中国古代用日影长短的变化及北斗星斗柄的指向来推算，其日期可以确定。中国古代是以农历年、月、日，以"地支"子、丑、寅、卯、辰、巳、午、未、申、酉、戌、亥十二个字计时；在定每年每个节气交节时间时，以地支的时辰来表示。

二十四节气与年月历法

秦汉年间，二十四节气已完全确立。中国古代历法所包含的内容十分丰富，二十四节气是其中的内容之一。公元前 104 年，由邓平等人制定的《太初历》，正式把二十四节气写于历法。辛亥革命之后，1912 年孙中山宣布采用格里历（即公历，又称阳历），中国即进入了公历时期。中华人民共和国成立后，在采用公历的同时，考虑到人们生产、生活的实际需要，还颁发中国传统的农历。

二十四节气又细分为 12 个节气和 12 个中气，一一相间。以立春为第一个，位于奇数序列的为节气，位于偶数序列的为中气。

太阳周年视运动在二十四节气中体现的很明显，所以在公历中它们的日期是相对固定的。以下是节气在公历的日期：

春季：立春，2 月 3～5 日；雨水，2 月 18～20 日；惊蛰，3 月 5～7 日；春分，3 月 20～22 日；清明，4 月 4～6 日；谷雨，4 月 19～21 日。

夏季：立夏，5 月 5～7 日；小满，5 月 20～22 日；芒种，6 月 5～7 日；夏至，6 月 21～22 日；小暑，7 月 6～8 日；大暑，7 月 22～24 日。

秋季：立秋，8 月 7～9 日；处暑，8 月 22～24 日；白露，9 月 7～9 日；秋分，9 月 22～24 日；寒露，10 月 8～9 日；霜降，10 月 23～24 日。

冬季：立冬，11 月 7～8 日；小雪，11 月 22～23 日；大雪，12 月 6～8 日；冬至，12 月 21～23 日；小寒，1 月 5～7 日；大寒，1 月 20～21 日。

由于，旧时使用的是农历，所以节气和历法需要一些办法去整合。农历以地球绕太阳一周时间为一年，以月亮亏盈周期为一月。阳是"太阳"；阴是"太阴"，即月亮。所以我国传统的农历实际上是阴阳合历。

农历根据月亮的盈亏变化定月，平年 12 个月，6 个大月 30 天，叫"大尽"；6 个小月各 29 天，叫"小尽"；全年 354 天。这比太阳年（365.2422 天）要少约 10 天 21 小时。因此，古人采用加闰月的方法使历年的平均长度和回归年的长度接近，这些方法主要有在 19 个历年中 7 个历年加入闰月；有闰月的那年有 13 个月，共 384 或 385 天，叫做闰年。19 个阴历年和 19 个回归年的长度几乎相等，7 个闰月一般在第 3、6、9、11、14、17、19 年。

　　二十四节气的中气决定了闰月应安置在哪一个月。二十四节气由 12 个节气和 12 个中气组成，二者相间排列；每月都有它固定的中气，如含有中气雨水的月为正月。19 个回归年中有 19 × 12 = 228 个中气和节气，但有 235 个朔望月；显然有 7 个月没有中气，所以在这个 228 月中，有 7 个月没有节气。因此阴阳历规定没有中气的月份作为这一年的闰月。

　　有农历闰月的年是 13 个农历月，有 13 个"节气"、12 个"中气"，这一年将有两个"立春"节，叫"一年两头春"。19 个回归年中有 7 个年头，是有两个"立春"的"双春年"；7 个年头，是没有"立春"的"无春年"，其余的 5 个年头是正常的"单春年"。因此立春日正逢正月初一的情况很少遇到，因此有"百年难逢岁朝春"之谚。

　　当今社会中国传统的农历与二十四节气已经融为一体。节气是按太阳的运行轨迹制定的，由于它的存在，使得农历既可以根据月亮周期去判断日数、潮汐、动植物生长周期等，又可以根据节气去判断农牧业季节情况。

二十四节气与其他节令的关系

在二十四节气的运行过程中，人们结合天气的变幻，确立了一些类似节气的时间期，或长或短，且具有一定气候特点，如九九、三伏等。

"九九"包括冬"九九"和夏"九九"两种节令。

1. 九九

"冬九九"：从冬至日（12 月 21 日或 22 日）这天开始数"九"，冬至日为第一天，每九天为一九，头九、二九、三九……直至九九（次年 3 月 11 日或 12 日），共八十一天。常言道"数九寒冬"，这八十一天是一个回归年中天气较冷的时段，其中处于阳历 1 月份的三九、四九为最寒冷时段。

"夏九九"：它是从 6 月 21 日或 22 日的夏至这天开始数九，和冬九九一样，每九天为一九，共八十一天，直数到阳历的 9 月 10 日或 11 日为止。当今夏九九节令已不常用了。

各地的数九歌都别具特色。

2. 三伏

谚语说："热在三伏。"意为"三伏"是整个夏季最炎热的一段时期。古人确定这段时期的标准是：夏至三庚数头伏，第四庚日数中伏，秋后的庚日数末伏。庚日和庚日之间相差 10 天，夏至二十多天以后开始的三四十天里，虽然黑夜开始变长，但白昼时间仍然长于黑夜时间，白天地面吸收的太阳热量远远大于夜间散失的热量，热量积累会达到最大限度，因此三伏天是一年中天气最炎热的时段。

3. 黄梅天

江南地区春末夏初、梅子黄熟的一段时期叫做黄梅季。在这段时期，长江中下游地区多阴雨天气。阴雨天多，空气潮湿，衣物等容易发霉，又将黄梅雨称为霉雨。黄梅天开始的日期称"入梅"，终止的日期称"出梅"。古代时，人们经过长期观察确认，常年的入梅日期是芒种节气后的第一个丙日，出梅日期是小暑节气后的第一个未日。按阳历日期计算，入梅日期大致是在 6 月 6 口至 16 日之间，出梅日期大致是 7 月 8 日至 19 日之间。整个梅雨期长达 30 至 40 天之久。

立 春

　　立春是最受农民欢迎的节气，因为它给人们带来了温暖和希望。在季节类节气中，立春为一年中的第一个节气。古书说，"立"是开始的意思，立春也就是说春季开始了。尽管立春并不表示真正的春天到了，有时甚至还天寒地冻，只有时至立春，天气回暖现象才十分明显，大地呈现万物复苏景象。白昼渐长，阳光渐暖。气温、日照这时处于一年中的转折点，趋于上升或增多，为着夺取新丰收，人们开始在田野中辛勤劳动。

　　立春后，西北地区的农事活动主要是为春小麦整地施肥，防止冬小麦禽畜为害；东北地区表土先后开始化冻，农民及时耙地保墒，送粪；华北地区

立春

耙地

积极做好春耕的准备工作。四川盆地，油菜抽薹、小麦拔节，耗水量增加，应该及时浇灌追肥，促进生长。农谚提醒人们"立春雨水到，早起晚睡觉"，因此大春备耕将要开始了。

立春谚语种类诸多，物候类的，如："立春一日，百草回芽。立春一日，水暖三分。"警策类的，如："立春一年端，种地早盘算。"占卜类的，如："立春天气晴，百物好收成。"不过最多的还是预测类的，如："立春晴，一春晴；立春下，一春下；立春阴，花倒春。立春晴，雨水多。立春落雨到清明，一日落雨一日晴。意思是说立春不晴，还要冷一月零。立春下雨是反春（指春后有冷雨），立春无雨是丰年"。

雨 水

在降水类节气中，雨水是指冬季降雪改为春季降雨，雨量渐增，越冬作物开始返青，需要雨水。雨水期间，大部分地区气温一般可升至0℃以上，草木萌动；大雁向北迁徙，杏花、望春花相继开放。冰河由南至北逐渐开化，河里的鱼浮出水面活动。

黄河中下游地区主要忙于给麦田除草、追肥、灌溉，给果树剪枝。在气候温和的四川盆地，桃李含苞，樱桃花开，霜期至此告终。嫁接果木，植树造林，正是时候。要注意保墒，及时浇灌。长江流域的气候要暖和得多，农事活动也较多。除了管理水稻外，还要注意果树等经济作物的管理。如谚云："雨水节，皆柑橘。"在黄河更北的地方还相当冷，有"春寒冻死牛"之谚，所以对牲畜的管理不能懈怠。

有关雨水节的谚语，大多是有关通过雨水当天的天气情况，预测后期气候变化的。预测短期的，如："冷雨水，暖惊蛰；暖雨水，冷惊蛰。雨水阴寒，春季勿会旱。雨水日晴，春雨发得早。"也有预测到夏季的，如："雨水淋带风，冷到五月中。雨水有雨百阴。"甚至有预测到一年的："雨水有雨，一年多水。"一般情况下，雨水节下雨，似乎是好兆头："雨水不落，下秧无着。"

龙王

杏花

惊　蛰

在物候类节气中，蛰，是一种状态，指动物冬眠时潜伏在土中或洞穴中不食不动。

古人们对惊蛰现象的理解是：春雷乍动，惊醒了蛰伏在土中冬眠的动物。实际上，不是雷声，而是大地回春、天气变暖使动物们结束冬眠的。这时，气温回升较快，长江流域大部分地区已渐有春雷；春光明媚，万象更新。

惊蛰期间，小麦已返青拔节，人们忙于田间清沟理墒，育苗、适期施肥，防治病虫草害，加强园艺作物防冻保温工作，播种棉花和玉米。春雷响，万物长。

农谚说："惊蛰春翻田，胜上一道粪。""惊蛰清田边。虫死几千万。"可见惊蛰期间的主要工作是春翻、施肥、灭虫和造林。

惊蛰谚语，有气温类的：如"二月莫把棉衣撤，三月还下桃花雪。"物候类的如："惊蛰天转暖，牲畜发情欢；马发情，把腿叉；驴发情，拌嘴巴；牛发情，叫哈哈；羊发情，摇尾巴……"提醒农事类如："惊蛰春雷响，农夫闲转忙。惊蛰地化通，锄麦莫放松。"占卜类的："惊蛰有雨并闪雷，麦积场中如土堆。""二月打雷麦成堆。"

春　分

在天文类节气中，据《月令七十二候集解》说："二月中，分者半也，此当九十日之半，故谓之分。"另《春秋繁露·阴阳出入上下篇》中记载说："春分者，阴阳相半也，故昼夜均而寒暑平。"

因此，春分的意义，一是这天太阳光直射赤道，地球各地的昼夜时间相等，一天时间白天黑夜平分，各为 12 小时；二是古时以立春至立夏为春季，春分正当春季三个月之中，平分了春季。春分后，中国大部分地区越冬作物进入春季生长阶段。例如华中就有"春分麦起身，一刻值千金"的农谚。

春分期间，大部分地区越冬作物进入春季生长阶段，东北、华北和西北降水少，抗御春旱的威胁是农业生产上的主要问题；但谚语说得好："麦到春分昼夜长。"江南的大地上，小麦拔节，油菜花飘香。而华南地区进入桃花汛期。西南地区则有"春分到，把种泡，点了玉米忙撒稻"的说法，开始春耕春播，给冬小麦、油菜追肥，防治病虫害。

农谚还提醒人们栽树如："节令到春分，栽树要抓紧。春分栽不妥，再栽难成活。"春分时节，果树嫁接。也提醒人们管理牲畜，如"春分天暖花渐开，牲畜配种莫懈怠。春分天暖花渐开，马驴牛羊要怀胎。"

科学新导向丛书

清 明

在物候类节气中，二十四节气中唯有清明既是节气又是节日。清明节又称扫坟节、鬼节、冥节，起源始于古代"墓祭"之礼，与七月十五中元节及十月十五下元节合称三冥节，都与祭祀鬼神有关。清明是清亮明净的意思。时至清明，气温上升，草木现青，百花盛开，春意盎然。北方大部分地区已经摆脱寒冷，春播繁忙。

古时距清明节气一两天时有一个寒食节（日期在冬至后的第一百零五日）。自宋代之后，寒食节寒食、扫墓等习俗移到清明之中（现韩国还保留在寒食节进行春祭的风俗及作法），也可说寒食节结合清明节的日期变成了清明节。

清明祭祖

清明时节，天气逐渐转暖，万物欣欣向荣。因此有"清明时节，麦长三节"之说。这是春播关键时期，大面积播种和大规模植树造林都开始了。农谚说："清明前后，种瓜点豆。"随着气温的逐渐回升，茶芽的萌动速度加快，各地开始做采摘准备。

关于清明时节的谚语非常丰富。有物候方面的，如："二月清明老了花，三月清明不见花。"有提醒种植时间的，如："三月种豆清明前，二月种豆清明后。""清明早，立夏迟，谷雨种花正当时。"

栽柳

"三月清明种前，二月清明种后。二月清明不抢先，三月清明不退后。""清明谷雨两相连，浸种耕种莫迟延。""清明忙种麦，谷雨种大田。""清明前后，种瓜种豆。"清明节的谚语也有很多是预测性的，如："梨花风起清明至。清明晴，谷雨淋，黄梅旱。""清明断雪，谷雨断霜。"预测是便于管理好，因而还有一些谚语具有警示性的："麦怕清明连夜雨，清明前后怕晚霜，天晴无风要提防。"提醒人们植树，清明谚语的口气要比春分更强烈："清明不插柳，死后变黄狗。清明不栽柳，红颜变白首。植树造林的最佳时节，莫过于清明。"清明，正值春播出苗的关键时节，作物的种子需要一定的气温或地温方可发芽出苗。这段时间如果天气晴好，势必气温、地温较高，出苗较快。所以有谚语说："清明要晴，谷雨要雨。""清明晴，万物成。""清明要晴，谷雨要淋。""清明晴，六畜兴；清明雨，损百果。"

谷 雨

在降水类节气中，谷雨是春季最后一个节气，人们可以看到斑鸠，水池中出现浮萍，桑树生长旺盛。越冬和春播谷物成苗，气温渐高，谷物生长旺盛，对雨水要求迫切。

俗话说："雨生百谷。""谷雨不下，庄稼怕。"雨量充足而及时，作物就能够苗壮生长。

俗语有"谷雨麦怀胎。"冬小麦进入孕穗抽穗期。"谷雨茶，满地抓。"茶农忙于采摘、加工茶叶。北方茶农有"谷雨日，谷雨晨，茶三盏，酒三巡"的茶醉状态。养蚕也进入关键时期。杂粮播种，果树嫁接。

其他重要的农事活动，反映在谚语中有关于种棉花的。如："清明早，小满迟，谷雨种棉正适时。""谷雨种棉家家忙。棉花种在谷雨前，开得利索苗儿全。""谷雨有雨棉花肥。""谷雨有雨好种棉。""谷雨种棉花，能长好疙瘩。"

关于种红薯的："谷雨栽上红薯秧，一棵能收一大筐。

清明高粱接种谷，谷雨棉花再种薯。谷雨前后栽地瓜，最好不要过立夏。"

关于种花生的："过了谷雨种花生。"

立 夏

在季节类节气中，立夏是指夏季开始。但是，各地气候不同，入夏时间实际上并不一致。立夏期间，农作物及草木进入生长盛期，青蛙在田间鸣叫觅食，蚯蚓从地下钻出来。

立夏时节，万物繁茂。夏收作物进入生长后期，冬小麦扬花灌浆，油菜接近成熟，夏收作物年景基本定局，故农谚有"立夏看夏"之说。水稻插秧以及其他春播作物的管理也进入了大忙季节。立夏前后正是大江南北早稻插秧的季节。人们栽秧后立即追肥、耘田、治病虫。"多插立夏秧，谷子收满仓。"茶树这时春梢发育最快，稍一疏忽，茶叶就要老化，茶农们集中全力突击采摘茶叶。正所谓"谷雨很少摘，立夏摘不辍"，立夏前后，华北、西北等地气温回升很快，但降水仍然不多，人们适时进行灌水，抗旱防灾工作。"立夏三天遍地锄。""立夏三日正锄田。"这时杂草生长很快，"一天不锄草，三天锄不了"。中耕锄草不仅能除去杂草，又能提高地温，加速土壤养分分解，促进棉花、玉米、高粱、花生等作物苗期健壮生长。

立夏谚语十分形象地描绘了作物的主要农事："立夏种绿豆。立夏大插薯。清明秫秫谷雨花，立夏前后栽地瓜。""季节到立

耘田

夏，先种黍子后种麻。""立夏前后种络麻。""立夏种麻，七股八杈。立夏栽稻子，小满种芝麻。""清明麻，谷雨花，立夏栽稻点芝麻。"生长状态："谷雨麦怀胎，立夏长胡须。谷雨打苞，立夏龇牙，小满半截仁，芒种见麦茬。豌豆立了夏，一夜一个杈。"由于生长旺盛，作物不能缺水："立夏麦咧嘴，不能缺了水。寸麦不怕尺水，尺麦却怕寸水。"

当然立夏时节，也是容易遭受病虫害的时期："立夏前后连阴天，又生腻虫（麦蚜）又生疸（锈病）。""立夏前后天干燥，火龙往往少不了。""风生火龙雾生疸。"所以言语中也有经验性的总结："小表开花虫长大，消灭幼虫于立夏。"

总之，立夏时节中耕、除草、栽稻、防灾，这些都是农民的重要工作。

小　满

　　在物候类节气中，二十四节气大多可以顾名思义，但是小满却有些令人难以看出其中涵义。小满是指麦类等夏熟作物灌浆乳熟，籽粒开始饱满，但尚未成熟，所以叫小满。小满亦可指水田的水已盈满。民间有"大落大满，小落小满"的谚语。"落"，是下雨的意思。雨水丰沛，定将丰收。在小满节气中，苦菜开花；喜阴的一些枝条细软的草类在强烈的阳光下开始枯死；麦子开始成熟。

　　小满过后，大多数地方平均气温高于22℃，农业生产的夏收、夏种、夏管工作从此时展开，农事活动进入繁忙的季节。如夏收作物的成熟收割，处于生长旺盛期的春播作物的管理以及秋收作物的播种等。对南方的水稻而言，此时已是抽穗期。东北地区，人们给农作物间苗、定苗，查田补种，灭草松土。西北地区，人们给冬、春小麦浇水、松土，防治病虫害。华中地区夏熟作物先后开始大规模收割。四川盆地"立夏小满正栽秧"，"秧奔小满谷奔秋"，正是适宜水稻栽插的季节。

　　小满节气农谚，很多都是说麦子的。如："小满小满，麦粒渐满。""麦到小满日夜黄。""小满三日望麦黄。""小满十日满地黄。""小满十八天，不熟自干。""小满十八天，青麦也成面。""小满十日见白面。"

　　在棉花播种方面，到了小满再种棉花，霜降前不能吐絮，棉花势必严重减产，所以谚语说："小满种棉花，光长柴火架。小满种棉花，有柴少疙瘩。"

小满

芒　种

在物候类节气中，芒种是指有芒的小麦、大麦等夏熟作物开始成熟收割，谷子、玉米等回茬秋熟作物开始播种，进入夏收夏播大忙时期，有时也称"忙种"。芒种期间，螳螂出现在田间的庄稼中，鸟儿们开始哺育后代。江南开始出现梅雨天，食物、衣物、器物、居室都容易发霉。

有谚语说得好："芒种不种，再种无用。""芒种端午前，打起火把去耘田。"芒种至夏至这半个月是秋熟作物播种、移栽、苗期管理和全面进入夏收、夏种、夏培的"三夏"大忙高潮的时期。

芒种时节的主要农事有：抢收小麦、蚕豆、豌豆等夏熟作物，做到丰产丰收颗粒归仓。追施有机肥，争取棉花多结桃；整修棉田排水系统，防雨涝。播种豇豆、苋菜、小白菜等蔬菜。加强茄瓜豆类蔬菜的田间管理，防治病虫。加强禽畜夏季防疫，成鱼饲养管理。检修江海堤防工程和排灌机具，注意防汛防旱等工作。各代表区的农事，分述如下：东北区，冬、春小麦灌水追肥，稻秧插完，谷子、玉米、高粱、棉花定苗，棉花打叶，水稻锄草，防治病虫害。华中区：抢晴收麦，选留麦种，抢种夏玉米、夏高粱、夏大豆、芝麻等；北部地区麦茬稻、江淮之间单季晚稻开始栽插，双季晚稻育秧，防治稻田病虫害，林地培土锄草。华北区，麦田开始收割，夏收夏种，棉田治蚜、浇水、追肥。西北区，冬小麦防治病虫，春玉米浇水，中耕，锄草，追肥。谷子中耕锄草、间苗，糜子播种、查苗、补苗。西南区，抢种春作物，及时移栽水稻；抢晴收获夏熟作物，随收、随耕、随种。华南区，早稻追肥，中稻耘田追肥；晚稻播种，早玉米收获，早黄豆收获，晚黄豆播种。

关于"芒种"的谚语也十分丰富。如预测气象方面的：并都预示着芒种期间晴天多，夏至雨水不会少。"芒种火烧天，夏至雨涟涟。""芒种火烧天，夏至水满田。""芒种火烧天，夏至雨淋头。芒种不下雨，夏至十八河。"相反，"芒种雨涟涟，夏至火烧天。""芒种雨涟涟，夏至旱燥田。"芒种期间多雨，那么夏至期间晴天就会较多。芒种闻雷，对农业生产好坏及未来天气均有一定的预示意义。如："芒种打雷是旱年。芒种打雷年成好。"长江中下游的黄梅天多半是从芒种节气后期开始的，农民对芒种节气的雨水很关心，因而流传下来的气象谚语很多。如："芒种落雨，端午涨水。""芒种夏至常雨，台风迟来；芒种夏至少雨，台风早来。"

预测天气当然是为了农事顺利进行。也就表明了，芒种节，中国从南到北都进入了农忙的高潮，该种什么，该收什么，也都反映在谚语上，例如："芒种边，好种籼；芒种过，好种糯。""芒种插得是个宝，夏至插得是根草。""芒种芒种，样样都种。""芒种糜子急种谷。""芒种前，忙种田；芒种后，忙种豆。"总结收割时间的反映在谚语上，例如："小满割不得，芒种割不及。""小满不满，芒种开镰。""芒种忙，麦上场。""芒种芒种，连收带种。"

夏　至

在天文类节气中，夏至这天，太阳直射北回归线，是北半球一年中白昼最长、夜晚最短的一天。因此夏至也叫"昼长至"、"夜短至"。与冬至不同的是，中国人不太庆祝夏至，较少有人过仲夏节。但在北欧等地，仲夏节是当地居民的重要节日。

"夏至三庚数头伏。"进入伏天，北方地区气温高，光照足，雨水增多，农作物生长旺盛，杂草、害虫迅速滋长漫延，需加强田间管理。

农谚概括得好："夏至棉田草，胜如毒蛇咬。"还有"夏至时节天最长，南坡北洼农夫忙。玉米夏谷快播种，大豆再拖光长秧。早春作物细管理，追浇勤锄把虫防。夏播作物补定苗，行间株间勤松耪。棉花进入盛蕾期，常规措施都用上，一旦遭受雹子砸，田间会诊觅良方。一般不要来翻种，追治整修快松耪。高粱玉米制种田，严格管理保质量。田间杂株要拔除，母本玉米雄去光。起刨大蒜和地蛋，瓜菜管理要加强。久旱不雨浇果树，一定不能浇过量。麦糠青草水缸捞，牲口爱吃体健壮。二茬苜蓿好胀肚，多掺干草就无妨。藕苇蒲茭都管好，喂鱼定时又定量。青蛙捕虫功劳大，人人保护莫损伤。"是人们在实践中，总结出的一套行之有效的农事谚语。

夏至以后太阳开始南移，白天逐渐变短。夏至多雷阵雨，疾来疾去，范围较小，雨量较大。这期间蝉开始鸣叫，半夏草开始出苗，地面气温进入一年中最高时期。

小 暑

在气温类节气中，暑是炎热的意思。时至小暑，绿树浓荫，江淮流域的梅雨天先后结束。小暑与夏至相比，白天已经开始变短了，但是气温却一直在升高，很多地区的平均气温已接近三十度，时有热浪袭人之感。

小暑时节的农事，早稻处于灌浆后期，早熟品种大暑前就要成熟收割。中稻已拔节，进入孕穗期，要收获穗大粒多的水稻，现在便是据长势追施穗肥的时候。单季晚稻正在分蘖，应及早施好分蘖肥。双晚秧苗要防治病虫，栽秧前施足"送嫁肥"。"棉花入了伏，三日两遍锄。"大部分棉区的棉花开始开花结铃，生长最为旺盛，在重施花铃肥的同时，要及时除草，整枝、打杈、去老叶，以协调植株体内养分分配；增强通风透光，减少蕾铃脱落。

关于小暑农谚，气候方面，如："小暑温暾大暑热。""小暑过，一日热三分。"预测气候方面，如："小暑南风，大暑旱。""六月初一，一雷压九台，无雷便是台。"风险管理、警策方面，如："天旱防备雨涝，雨涝防备天旱。""既抗旱，又防涝，旱涝丰收两牢靠。""睡了一觉，由旱变涝。""小暑大暑，灌死老鼠。"蟋蟀跑到屋檐下乘凉。

农事物候方面，如："夏至杨梅满山红，小暑杨梅要出虫。""小暑小禾黄。"农业知识方面，如："小暑不栽薯，栽薯白受苦。""过了小暑，不种玉蜀黍（玉米）。"

大 暑

在气温类节气中，谚语说："小暑不算热，大暑正伏天。"日照强，雨水多，雷鸣时常出现。炎热的大暑是茉莉、荷花盛开的季节。

生机勃勃的盛夏，正孕育着丰收。大暑是一年中最紧张、最艰苦的收获季节。长江中下游地区正直伏旱期，旺盛生长的作物对水分的要求更为迫切，正应验了"小暑雨如银，大暑雨如金"。华中地区，"禾到大暑日夜黄"，春播的水稻和春玉米先后成熟，要抓紧收割。黄淮平原的玉米已经拔节孕穗，是产量形成最关键的时期，需要根据水分多少的情况及早灌溉，严防"卡脖旱"之害。冀北高原、冀北山地和秦唐地区降雨量明显增加，要注意防汛，预防山洪暴发、泥石流和洪涝灾害；适时做好塘库蓄水和局地排涝工作。西北地区，人们为种植冬小麦准备好优质的土地，给地里施基肥，浇灌伏水。

主要的农事活动，反映在谚语中有："大暑来。种芥菜。大暑前，小暑后，两暑之间种绿豆。春分种菜，大暑摘瓜。""大暑不割禾，一天少一箩。"田间管理反映在谚语中，如："大暑到立秋，积粪到田头。""大暑深除草。""伏里草，埋了好。"预测类的谚语也有很多，如："大暑热，秋后凉。""大暑展秋风，秋后热到狂。"

立 秋

在季节类节气中，"立秋之日凉风至。"实际是说立秋就是凉爽的秋季开始。由于各地纬度、海拔高度等的不同，全国各地是不可能都在立秋这一天同时进入秋季的。按照气候学上以 5 天平均气温在 10℃ 至 22℃ 之间为春、秋的标准。在我国除了那些纬度偏北和海拔较高的地方以外，大部地区立秋时多未入秋，仍然处于炎夏之中。即使在东北的大部分地区，这时也还看不到凉风阵阵、黄叶飘飘的秋天景色。

立秋前后，主要的农事活动：华北地区，春玉米、春谷子等大秋作物先后成熟，"立秋十天动刀镰"，各地农民们都做好收割秋季作物的准备，给棉花打尖，加速其裂铃吐絮。华中地区，双季晚稻利用高温时期追肥中耕，棉花开始打老叶，抹去多余的芽。华南地区，中稻已经开始抽穗，所以要及时追施穗肥，晚玉米进行中耕、培土和追肥。西南地区加强大秋作物田间管理，促使其早熟，避免受到低温霜冻的危害。

立秋谚语描述了季节变化。如："立了秋，凉飕飕。""早上立了秋，晚上凉飕飕。""立了秋，把扇丢。""立秋三场雨，夏布衣裳高搁起。""一场秋雨一场寒，十场秋雨换上棉。""七月秋风雨，八月秋风凉。"也有描述立秋后仍然热的谚语："立了秋，扇莫丢，中午头上还用着。""立秋早晚凉，中午汗湿裳。""立秋

立秋

早晚凉，中午汗还淌。""立了秋，枣核天，热在中午，凉在早晚。""立秋不立秋，还有一个月的好热头。""立秋反比大暑热，中午前后似烤火。"力求谚语描述了农事方面的主要活动，立秋期间人们希望有降雨的谚语。如："立了秋，哪里有雨哪里收。""立秋雨淋淋，遍地是黄金。""立秋三场雨，秕稻变成米。""立秋有雨丘丘收，立秋无雨人人忧。""秋旱如刀刮。""春旱播种难，秋旱减一半。""立秋雨滴，谷把头低。""三伏有雨好种麦。"人们还希望昼夜温差大一些，在谚语中描述的有："立秋温不降，庄稼长得强。""秋不凉，粒不黄。""昼夜温差大，有利子粒发。"谚语还总结了种植及收获的作物，如："立秋种荞麦，秋分麦入土。""麦到芒种，稻（早稻）到立秋。"防止病虫害方面也有不少谚语，如："立秋温度高，红蜘蛛少不了。"

处　暑

　　在气温类节气中，处暑是反映气温变化的一个节气。"处"有终止意思，"处暑"表示炎热暑天结束了。夏天的暑气逐渐消退，但天气还未出现真正意义上的秋凉，如谚语所说，"处暑天还暑，好似秋老虎"，时有"秋老虎"肆虐的情况。

　　进入处暑时节，"处暑萝卜白露菜"，处暑是种植萝卜的最佳季节。北方各种粮豆作物进入结实、灌浆期，是产量形成的关键阶段。为防止产量的降低人们及时清除田间杂草，改善通风条件，在偏旱的地区及时灌溉，促进作物充分灌浆。在江南大部分地区，柑橘进入秋梢发生期、果实膨大期；四川盆地部分秋收作物进入收获期。

　　处暑期间，雨水仍然相当重要，有谚语说："处暑雨，粒粒皆是米(稻)。""处暑早的雨，谷仓里的米。""处暑若还天不雨，纵然结子难保米。"处暑期间收割高粱和谷子，有谚语说："处暑高粱遍地红。处暑高粱遍拿镰。处暑高粱白露谷。处暑三日割黄谷。处暑十日忙割谷。"处暑期间要做仓储及防风的准备，有谚语说："处暑满地黄，家家修廪仓。""处暑三日稻（晚稻）有孕，寒露到来稻入囤。""处暑谷渐黄，大风要提防。"

白　露

　　在水汽类节气中，露是由于温度降低，水汽在地面或近地物体上凝结而成的水珠。白露时节天气已凉，空气中的水汽凝结成白色的露珠，白露因此得名。白露时节呈现出典型的秋天特征：大雁南飞避寒，百鸟开始储存干果粮食以备过冬。

　　白露时节日照时间短，农田里的作物即将成熟或已经成熟，农民们辛勤的收获庄稼。与此同时，还要为播种做准备。东北地区在收获谷子、高粱和大豆的同时，要给棉花、玉米、高粱、谷子、大豆等选种留种。华北地区在收获的同时，要抓紧送粪、翻耕、平整土地等工作。华中地区收获水稻和玉米；西北、黄河中下游地区开始种植冬小麦；西南地区收割水稻和谷子。

　　总之，白露时节是收获的时节。如反映在谚语中："抢秋抢秋，不抢就丢。""谷到白露死。""头自露割谷，过白露打枣。""白露割谷子，霜降摘柿子。""白露谷，寒露豆，花生收在秋分后。""谷子上场，核桃满瓢。谷子上囤，核桃挨棍。""枣红肚，磨镰割谷。""谷子老了吃米，高粱老了吃糠。""白露节，棉花地里不得歇。"

秋　分

在天文类节气中，分是平分，秋分是秋季 90 天的中分点。秋分这天，阳光几乎直射赤道，昼夜几乎等长。因此秋分有两层意思，一是太阳直射地球赤道，此天 24 小时昼夜均分，各 12 小时；二是按我国古代以立春、立夏、立秋、立冬为四季开始的季节划分法，秋分日居秋季 90 天之中，平分了秋季。秋分之后，由于暖空气减少，温度降低，水分蒸发减少，冷暖空气交汇的机会不多，也就听不到雷声、看不到闪电了。此时冬眠的动物开始为冬眠作准备。

秋分时节开始，中国大部分地区开始秋收、秋耕和秋种的三秋工作。东北地区开始收割水稻、玉米、高粱、大豆和甘薯。华北地区秋收工作已经进入末尾，"秋分麦入土"，"白露早，寒露迟，秋分种麦正当时"，根据纬度地形等因素的不同先后播种小麦。华中地区，单、双季晚稻继续抓好水浆管理，精耕细作，同时精选麦种。西北地区也开始种植冬小麦，其他作物开始收割、脱粒。西南地区，"九月白露又秋分，收稻再把麦田耕"，随收、随耕、随种冬小麦、油菜等夏收作物的收获比较忙碌。

关于秋分的谚语非常丰富。预测天气或气候的："白露秋分夜，一夜冷一夜。""八月十五雨一场，正月十五雪花扬。八月十五云遮月，正月十五雪打灯。"形容秋忙的："夏忙半个月，秋忙四十天。""秋忙秋忙，绣女也要出闺房。"提醒下种的："白露早，寒露迟，秋分种麦正当时。勿过急，勿过迟，秋分种麦正适宜。""麦种八月土，不种九月墒。""秋分前十天不早，秋分后十天不晚。""淤土秋分前十天不早，沙土秋分后十天不晚。""淤种秋分，沙种寒。""秋分到寒露，种麦不延误。""白露秋分菜，秋分寒露麦。"提醒收获的："秋分收春豆。秋分收花生，晚了落果叶落空。""秋分棉花白茫茫。""秋分不着"喷"（拾第一次花），到老瞎胡混。""秋分不割，霜打风磨。"预警性的：如"秋分稻见黄，大风要提防。"

寒　露

在水汽类节气中，"寒"表示露水更浓，天气由凉转寒之意。寒露时节，中国大部分地区气温下降速度加快，而且昼夜温差增大，有些地方开始出现霜冻。天气转凉，人们把夏天的衣服都收拾起来。鸿雁南迁，菊花开放。

华中地区早熟单季稻即将成熟，为收割做好准备工作；双季晚稻处于灌浆期，需要进行间歇灌水。西南地区，寒露前后风雨比较频繁，所以要抓紧抢收水稻、玉米和豆类作物。

寒露时节，气温下降，反映在谚语中："吃了寒露饭，单衣汉少见。吃了重阳饭，不见单衣汉。吃了重阳糕，单衫打成包。"作物迅速成熟，反映在谚语中："寒露柿子红了皮。寒露三日无青豆。""菊花开，麦出来。""秋分见麦苗，寒露麦针倒。"寒露期间，农活依然不轻松，反映在谚语中："寒露霜降，赶快抛上。""寒露前后看早麦。""寒露到霜降，种麦莫慌张；霜降到立冬，种麦莫放松。""早麦补，晚麦耩，最好不要过霜降。秋分早，霜降迟，寒露种麦正当时。""寒露霜降麦归土。""小麦点在寒露口，点一碗，收三斗。""秋分种蒜，寒露种麦。夏至种豆，重阳种麦。夏至两边豆，重阳两边麦。""寒露前，六七天，催熟剂，快喷棉。""棉怕八月连阴雨，稻怕寒露一朝霜。粮食冒尖棉堆山，寒露不忘把地翻。"这些都属于气候和农事管理方面的。在收获方面的谚语："白露谷，寒露豆。""寒露收豆，花生收在秋分后。豆子寒露使镰钩，地瓜待到霜降收。沤了豆子收麦，沤了麦子收豆。""寒露到，割晚稻；霜降到，割糯稻。""秋分谷子割不得，寒露谷子养不得。""收瓜被雨冲，窖如烂泥坑。寒露不摘烟，霜打甭怨天。寒露不刨葱，必定心里空。九月不刨十月空。""九月九，摘石榴。寒露收山楂，霜降刨地瓜。寒露柿红皮，摘下去赶集。"总之，寒露的谚语总结："寒露时节人人忙，种麦、摘花、打豆场。"

寒露开始，东北地区，麦子已经下种，主要收获水稻、棉花、荞麦、甜菜等。华北地区，深翻土地，精选良种，抓紧时间播种小麦。西北地区，播种冬小麦的同时，利用农闲时间平整土地。

霜　降

在水汽类节气中，霜降是反映天气变化的节气，是秋天最后一个节气，是天气渐冷、开始降霜。霜不是天上降下来的，是露水遇到寒气凝结而成的。霜杀百草，各类农作物结束生长。霜降时节树叶枯黄掉落，过冬的小虫封严洞口准备过冬。此时，我国黄河流域已出现白霜，千里沃野上一片银色冰晶熠熠闪光。

霜降前后，各地农活和前面相比，虽有所减少，但也不少。东北地区抓紧时间收获棉花，继续深翻耙压土地，同时利用闲余时间开展副业生产，抓紧时间采集中药材、野果和树种等。华北地区要抓紧时间刨收花生和山药，抓紧时间秋耕。华中地区开始种小麦、抢收晚麦，播种油菜，摘收棉花，管理茶园、采集选种。华南地区开始收割中稻、晚玉米、甘薯、花生等农作物。西北地区，给冬小麦灌溉。西南地区，深耕、秋种进入紧张阶段。

霜降谚语，有预测天气的，如："霜降降霜始（早霜），来年谷雨止（晚霜）。秋雁来得早，霜也来得早。""秋雨透地，降霜来迟。今夜霜露重，明早太阳红。""霜重见晴天。""霜后暖，雪后寒。"有预测年景的，如："一夜孤霜，来年有荒。多夜霜足，来年丰收。""霜降前降霜，挑米如挑糠；霜降后降霜，稻谷打满仓。"在

霜降剪纸

农事、种植方面，主要是种小麦，如："晚茬小麦，突击播种。时间到霜降，种麦就慌张。""芒种黄豆夏至秧，想种好麦迎霜降。""望近霜降好种麦。""迎伏种豆子，迎霜种麦子。""霜降播种，立冬见苗。寒露种菜，霜降种麦。""晚麦不过霜降，霜降前，要种完。""麦不让霜，湿地无晚麦。"

在农事、田间管理方面，主要是耕地："留地不种麦，快着耕起来。""秋冬耕地如水浇，开春无雨也出苗。"在其他、牧业方面，如："霜降配羊清明羔，天气暖和有青草。"在渔业方面，如："霜降来临温度降，罗非鱼种要捕光，温泉温室来越冬，明年鱼种有保障。"

农事、收获方面，有收棉花的，如："棉是秋后草，就怕霜来早。轻霜棉无妨，酷霜棉株僵。""早春棉，减产少，夏棉霜早不得了。霜后还有两喷花，摘拾干净把柴拔。"有收水果的，如："霜降不摘柿，硬柿变软柿。"收草料的，如："收割山草，好喂牲口。"有收薯类的，如："霜降前，薯刨完。""寒露早，立冬迟，霜降收薯正适宜。""豆子寒露动镰钩，骑着霜降收芋头。""红薯半年粮，好好来保藏。""红薯本是庄稼宝，就看收存好不好。""瓜窖糟，如仓倒。""留种地瓜早收藏，着霜瓜块受冻伤。""鲜瓜烂，饭丢半。地瓜要坏，快切快晒。"有收蔬菜的，如："时间到霜降，白菜畦里快搂上。""霜降拔葱，不拔就空。""霜降萝卜，立冬白菜，小雪蔬菜都要回来。""种完麦，忙完秋，快采藕。种完麦，忙完秋，割苇蒲，采鸡头（米）。"有复收粮食的，如："复收捡起地里粮，积少成多堆满仓。""丰收第一收，精收第二收，复收第三收，三收才算收。""复收一亩数量少，万亩复收不得了。宁可吃到肚里，不可瞎到地里。""出门样样收，回来过遍手，该喂牛的喂牛，能编篓的编篓，最后剩下入灶口。"

立 冬

在季节类节气中，《吕氏春秋》中对立冬记载："立，建始也。"表示冬季自此开始。"立冬之日，水始冰，地始冻。"黄河中下游地区开始结冰，土地表层开始冻结。此外，古籍说："冬，终也，物终而皆收藏也。"不仅各种作物应该收获，而且应该晒好、贮藏好。

立冬前后，我国大部分地区降水显著减少。主要的农事有东北地区大地封冻，农林作物进入越冬期；江淮地区"三秋"接近尾声；江南正忙着抢种晚茬冬麦，抓紧移栽油菜；华北及黄淮地区一定要在日平均气温下降到4℃左右、田间土壤夜冻昼消之时，抓紧时机浇好麦、菜及果园的冬水，以补充土壤水分不足，改善田间小气候环境，防止"旱助寒威"，减轻和避免冻害的发生。华南却进入"立冬种麦正当时"的最佳时期。此时水分条件的好坏与农作物的苗期生长及越冬都有着十分密切的关系。江南及华南地区，清沟排水，是防止冬季涝渍和冰冻危害的重要措施。与此同时，立冬后空气一般渐趋干燥，土壤含水较少，林区的防火工作也该提上重要的议事日程了。

三秋已近尾声，很多作物到了立冬再种植就无用了。如农谚说："种麦到立冬，来年收把种。种麦到立冬，种一缸，打一瓮。立了冬，耧再摇，种一葫芦打两瓢。""十月不种麦。十月种麦不嫌羞，明年和他同时收，人家用镰割，自己用手揪。""种麦到立冬，费力白搭工。""立冬种豌豆，一斗还一斗（南方）。"所以立冬之后的农事主要是犁地，如农谚说："立冬前犁金，立冬后犁银，立春后犁铁（指应早翻土）。""立冬小雪紧相连，冬前整地最当先。"和别的节气一样，预测天气的立冬谚语是相当多的，如农谚说："立冬北风冰雪多，立冬南风无雨雪。""立冬那天冷，一年冷气多。""立冬晴，一冬晴；立冬雨，一冬雨。""立冬东北风，冬季好天空。立冬南风雨，冬季无凋（干）土。""重阳无雨看立冬，立冬无雨一冬干。"未雨绸缪，也有防灾方面的，如农谚说："立冬有雨防烂冬，立冬无雨防春旱。"

小 雪

在降水类节气中，黄河中下游平均初雪期基本与小雪节令一致。谚语说，"节到小雪天下雪"。"小雪节到下大雪，大雪节到没了雪。"小雪期间不降雨，所以见不到彩虹了。

小雪不耕地，大雪不行船。南方地区此时田里的农活已不多，人们就修补农具，做好牲畜的御寒保暖工作，为来年开春做准备。不过，地不冻，犁不停。早晚上了冻，中午还能耕。如果天气还暖和，农民不会停止犁地，"趁地未冻结，浇麦不能歇。"有的则继续给小麦浇冻水，做好小麦越冬工作。人们多盼望此时能下场雪，因为有雪覆盖麦田，就省去浇冻水的麻烦，小麦得到保护，第二年就能丰收。如谚语说："瑞雪兆丰年。""麦盖三层被，来年枕着蒸馍睡。"还有谚语说："小雪雪满天，来年必丰年。""小雪大雪不见雪，小麦大麦粒要瘪。"

因为气温低，家家户户闭门不出。北方地区小雪节以后，果农开始为果树修枝，以草秸编箔包扎株秆，以防果树受冻。如谚语说："趁地未封冻，赶快把树种。大地未冻结，栽树不能歇。""小雪虽冷窝能开，家有树苗尽管栽。到了小雪节，果树快剪截。"另外，"小雪铲白菜，大雪铲菠菜。"白菜深沟土埋储藏时，收获前十天左右即停止浇水，做好防冻工作，以利贮藏，尽量择晴天收获。南方地区小雪节气以后，农田兴修水利，清沟排水，疏通水道，为来年水稻生长做准备；同时翻地，靠降温消灭藏在地里的越冬害虫。

小雪农事，有歌谣总结得很好，摘录如下："节到小雪天降雪，农夫此刻不能歇。继续浇灌冬小麦，地未封牢能耕掘。大白菜要抓紧砍，菠菜小葱风障遮，大小冬棚精细管，现蕾开花把果结。冬季积肥要开展，地壮粮丰囤加芡。植树造林继续搞，果树抓紧来剪截。牛驴骡马喂养好，冬季不能把膘跌。农家副业要大搞，就地取材用不竭，油房粉房豆腐房，赚钱养猪庄稼邪（长）；苇蒲绵槐搞条编，技术简单容易学。鱼塘藕塘看管好，江河打鱼分季节，春打黄昏冬五更，浑水白天清水夜，冷打深潭热流水，风天风脚鱼集结。"歌谣全面的叙述了小雪时节的农事活动。

大 雪

在降水类节气中，大雪，是相对于小雪节气而言，是意味着降雪的可能性比小雪更大，地面上可能会有积雪出现，气温比小雪更低，并非降雪量一定大。

"瑞雪兆丰年"，是我国广为流传的农谚。在北方，一层厚厚而疏松的积雪，像小麦御寒的棉被。雪温度低，能冻死地表层越冬的害虫。据传，大雪期间老虎有求偶的行动。

大雪时节，中国大部分地区进入寒冷的冬季，农事也很少，主要因为东北、西北、黄河流域和华北地区冬小麦已经停止生长，田间管理很少，若下雪不及时，人们偶尔还在天气稍转暖时浇一两次冻水，提高小麦越冬能力。或者修葺禽舍、牲畜圈墙等，助禽畜安全过冬。南方地区小麦、油菜仍在缓慢生长，这些作物的田间管理不能松懈，划锄松土，增温保墒，清沟排水、

大雪剪纸

追施腊肥，做好作物的防冻御寒工作。果农修剪果树，加强果树越冬管理。仅就南方地区而言，人们也开始注意牲畜的越冬保暖事务。

　　关于大雪节气农谚，最多的是表述冬雪对收成的积极作用。如："大雪三白，有益菜麦。""大雪纷纷落，明年吃馍馍。""积雪如积粮。""冬雪一层面，春雨满囤粮。""今年麦子雪里睡，明年枕着馒头睡。""麦盖三层被，头枕馍馍睡。""今冬大雪飘，来年收成好。大雪纷纷落，明年吃馍馍。""积雪如积粮。""今冬雪不断，明年吃白面。今冬麦盖一尺被，明年馒头如山堆。""雪在田，麦在仓。""雪多下，麦不差。""雪盖山头一半，麦子多打一石。""雪有三分肥。""白雪堆禾塘，明年谷满仓。""冬无雪，麦不结。""麦浇小，谷浇老，雪盖麦苗收成好。"

冬　至

在天文类节气中，冬至是太阳直射地球南回归线，北半球白天最短，夜晚最长，冬至也叫"夜长至"、"昼短至"。天气寒冷，人们躲在屋里教孩子唱数九歌，用九九消寒图记载阴晴，以占卜来年丰歉。

冬至后入九。各地人民口传从冬至起算的数九歌。值得一提的是江苏的数九歌，把冬日该做的农事作了形象的归纳："一九二九，背起粪篓；三九四九，拾粪老汉沿路走；五九六九，挑泥挖沟；七九六十三，家家把种捡；八九七十二，修车装板儿；九九八十一，犁耙一齐出。"由此可见，冬至期间的活动主要是为开春后的农事活动做准备。

关于冬至谚语，有根据冬至的风、霜、雨、雪预示未来天气的。例如："冬至西北风，来年干一春。冬至强北风，注意防霜冻。""冬至无雪刮大风，来年六月雨水多。""冬至没打霜，夏至干长江。""冬至有霜年有雪。冬至无雨一冬晴。""冬至无雨，来年夏至旱。""冬至无雨过年雨，冬至下雨过年晴。""冬至毛毛雨，夏至涨大水。""一年雨水看冬至。""冬至有雨雨水多，冬至无雨雨水少。冬至落雨星不明，大雪纷纷步难行。冬至有雪来年旱，冬至有风冷半冬。""冬至有雪，九九有雪。""冬至下场雪，夏至水满江。"

有根据冬至的阴、晴、冷、暖预示未来天气的。例如："冬至阴天，来年春旱。""晴冬至，年必雨。冬至晴，春节阴。冬至晴，明年阴雨多。""冬至晴一天，春节雨雪连。""冬至晴，正月雨；冬至雨，正月晴。""冬至晴，新年雨，中秋有雨冬至晴。""冬至晴，新年雨；冬至雨，新年晴。冬至冷，春节暖；冬至暖，春节冷。""冬至不冷，夏至不热。""冬至暖，冷到三月中；冬至冷，明春暖得早。"

　　冬至期间预测未来的天气，是为开春后的农事活动做准备。

小 寒

在气温类节气中，寒即寒冷，小寒有表示寒冷的程度的意思。俗话说："三九四九冰上走。""三九四九"恰是在小寒节气内。小寒时节一个明显的特征，就是受西伯利亚寒流影响，中国大部分地区都刮西北风。

在农事方面小寒时期的主要任务是防寒。小寒也是积肥造肥的大好时机。各地的主要农事活动也各有不同：东北多兴修水利、造肥积肥，给果窖防寒；华北则"严管"冬麦，盖粪；华中则精选种子，油菜清沟，以防冻窖；华南则给冬薯防霜冻，给小麦追肥。西南则壅根培土、追肥，播种马铃薯等早春作物，给牲畜防寒保温。

关于小寒的谚语，有形容寒冷的：如"小寒大寒，冷成冰团。腊七腊八，冻死旱鸭。腊七腊八，冻裂脚丫。""腊月三场雾，河底踏成路。"有根据阴、晴、冷、暖预示未来天气的，如："小寒不寒寒大寒。""小寒不寒，清明泥潭。""三九不封河，来年雹子多。"有记述农事活动的，如："牛喂三九，马喂三伏。""数九寒天鸡下蛋，鸡舍保温是关键。""小寒鱼塘冰封严，大雪纷飞不稀罕，冰上积雪要扫除，保持冰面好光线。"若小寒时节与腊月重合，腊月下雪，是对庄稼有好处的，如谚语说："腊月三场白，来年收小麦。腊月三场白，家家都有麦。腊月三白，适宜麦菜。""腊月大雪半尺厚，麦子还嫌被不够。"

大　寒

在气温类节气中，近代气象观测记录表明，在我国绝大部分地区，大寒还不如小寒冷。不过，在某些年份和沿海少数地方，全年最低气温仍然会出现在大寒节气内。

大寒节气，全国各地农活依旧很少。北方地区老百姓多忙于积肥堆肥，为开春作准备；或者加强牲畜的防寒防冻。南方地区仍加强小麦及其他作物的田间管理。

广东岭南地区有大寒联合捉田鼠的习俗。因为这时作物已收割完毕，平时见不到的田鼠窝多显露出来，因此大寒也成为岭南当地集中消灭田鼠的重要时期。

大寒节气谚语，有以大寒气候的变化预测来年雨水及粮食丰歉情况的，以便于及早安排农事。例如："大寒见三白（雪），农民衣食足。""大寒不寒，人马不安。大寒不寒，春分不暖。""小寒大寒不下雪，小暑大暑田开裂。小寒大寒寒得透，来年春天天暖和。""大寒白雪定丰年。大寒无风伏干旱。""大寒三白极宜菜麦。""大寒不寒不冻，来年一定虫多。""大寒不寒，清明泥潭。""大寒大寒，防风御寒。"

几千年来，中国农民为了"顺应天时"，不违农时进行生产，按照二十四节气安排农事活动，积累了丰富的经验，收获的农林牧副渔产品养活了一代又一代人，使中华民族得以走到今天，使我们的生活日益丰富多彩。

这里简单地介绍了各个节气的分类、含义、物候、现象、主要的农事活动及谚语。

长期的实践中，人们还把节气的物候、节气应做的农事以及节气习俗活动总结成了一些好念好记的歌谣。比如《农家月令》：

"立春喂耕牛，雨水摅粪土，惊蛰河半开，春分种小麦，清明前后种扁豆。二月清明草不青，三月清明道旁青。谷雨种豌豆，立夏种谷。小满前后，安瓜种豆；芒种，忙种黍子急种谷，芒种见锄刃，夏至见豆花。夏至不种高山黍，还种十日小糜黍。小暑吃大麦，小暑当日回，大暑吃小麦。立秋一十八日寸草皆齐，处暑不出头，割的喂了牛。白露吃小谷，秋风见谷罗。寒露百草枯，霜降不赔田。立冬不使牛，小雪冻大河；大雪冻小河，冬至不开窖；小寒寒不小，大寒不加冰。"

立春、雨水、春分、清明、谷雨、立夏、小满、芒种、夏至等这些节气该种什么做什么都说了，真是一个值得口传的庄稼人手册。

第三章

根据天象判天气

世界气象日的主题

世界气象组织：世界气象组织成立于 1950 年 3 月 23 日，1951 年成为联合国的专门机构，是联合国关于地球大气状况和特征、与海洋相互作用、产生和导致水源分布气候方面的最高权威的喉舌，其总部设在瑞士日内瓦。

世界气象组织成立至今已整整 50 年，组织的会员由成立初期的 30 个发展到今天的 185 个，包括了非洲，中、西欧和西南太平洋国家，其中国家会员 179 个，地区会员 6 个（含中国香港和中国澳门），成为最具广泛代表性和合作精神的国际组织。50 年来，世界气象组织为国际社会的经济发展，协助各会员气象部门提供及时、准确的天气预报、警报提供了服务，也为区域乃至全球社会经济的发展作出了贡献。

每年的"世界气象日"，世界气象组织执行委员会都要选定一个主题进行宣传，以提高世界各地的公众对自己密切相关的气象问题的重要性的认识。每一个主题都集中反映了人类关注的与气象有关的问题。历年世界气象日主题如下：

1961 年，气象

1962 年，气象对农业和粮食生产的贡献

1962 年，交通和气象（特别是气象应用于航空）

1964 年，气象：经济发展的因素

1965 年，国际气象合作

1966 年，世界天气监测网

1967 年，天气和水

1968 年，气象与农业

1969 年，气象服务的经济效益

1970 年，气象教育和训练

1971 年，气象与人类环境

1972 年，气象与人类环境

1973 年，国际气象合作 100 年

1974 年，气象与旅游

1975 年，气象与电讯

1976 年，天气与粮食

1977 年，天气与水

1978 年，未来气象与研究

1979 年，气象与能源

1980 年，人与气候变迁

1981 年，世界天气监测网

1982 年，空间气象观测

1983 年，气象观测员

1984 年，气象增加粮食生产

1985 年，气象与公众安全

1986 年，气候变迁，干旱和沙漠化

1987 年，气象：国际合作的典范

1988 年，气象与宣传媒介

1989 年，气象为航空服务

1990 年，气象和水文部门为减少自然灾害服务

1991 年，地球大气

1992 年，天气和气候为稳定发展服务

1993 年，气象与技术转让

1994 年，观测天气与气候

1995 年，公众与天气服务

1996 年，气象与体育服务

1997 年，天气与城市水问题

1998 年，天气、海洋与人类活动

1999 年，天气、气候与健康

2000 年，气象服务五十年

2001 年，天气、气候和水的志愿者

2002 年，降低对天气和气候极端事件的脆弱性

2003 年，关注我们未来的气候

世界气象之最

世界常年有人居住的最冷的地方：是俄罗斯东西伯利亚的维尔霍扬斯克和奥伊米亚康地区。那里年平均气温在 −15℃ 左右。冬季有 3 个月平均气温在 −40℃ 以下，极端最低气温分别是 −68℃ 和 −78℃。人在那里呼出的气，一下子就冻结，落在地上变成白色粉末。

世界上最热的地方：是非洲埃塞俄比亚的马萨瓦。那里年平均气温为 30.2℃，1 月平均气温是 26℃，7 月平均气温是 35℃ 左右。埃塞俄比亚盛产咖啡，是世界咖啡 10 大生产国之一。在埃塞俄比亚是 "咖啡的故乡"。公元 900 年左右，埃塞的咖法地区一位牧羊人在放牧时，发现羊群在争吃一种红色浆果，食后群羊欢蹦乱跳，反应异常，牧羊人以为他的羊吃了什么有害的食物而彻夜提心吊胆。谁知第二天群羊安然无恙。这一意外发现促使牧羊人采集这种野果煮汁解渴。他感到这种果汁醇香无比，饮用后精神异常兴奋。于是他开始栽种这种植物，由此发展起今天的大规模咖啡种植。咖啡的名就是由咖法演变而来。

世界极端最高气温：出现在非洲索马里，在背阴处测得的温度是 63℃。索马里位于非洲大陆最东部的索马里半岛，大部地区属热带沙漠气候，终年高温，干燥少雨。

我国海拔最低的气象站

新疆吐鲁番东坎气象站。位于新疆北部吐鲁番盆地的东坎气象站比海平面还要低 48.7 米。这里虽属温带气候区，但由于受海洋季风影响微弱，年平均降水量只有 14.9 毫米，而年平均蒸发量却远远大于降水量。这里晴天多，太阳辐射强，平均年日照时数达 2940 多个小时；年平均气温为 14.5℃，夏天气温高达 40℃ 以上，这在别的地方是罕见的。

中国最早的几个气象台站

北京地磁气象台，由俄国教会建立于 1849 年。上海徐家汇观象台，由法国教会建立于 1872 年。香港天文台，由英国政府建立于 1883 年。台北测候所，由日本中央气象台建立于 1896 年。青岛观象台，由德国海军建立于 1898 年。哈尔滨测候所，由俄国"中东铁路建设局"建立于 1898 年。延安气象台，由中国共产党建立于 1945 年。

地球上最高的气象探测站

地球同步气象卫星。沿着赤道上空圆形轨道运动的气象卫星叫"地球同步气象卫星"，卫星运行角速度与地球自转角速度相等。相对于地球来讲，卫星始终"静止"在赤道某一经度的上空，所以又叫做"地球静止气象卫星"。它在地球赤道以上 35800 千米处，俯瞰地球的大气和海洋，大约每半小时以卫星云图形式向地面发送一次气象资料。

解读雪灾预警信号

中国气象局突发气象灾害预警信号及防御指南

雪灾预警信号分三级，分别以黄色、橙色、红色表示。

1. 雪灾黄色预警信号

黄色图标含义：12 小时内可能出现对交通或牧业有影响的降雪。

防御指南：

（1）相关部门做好防雪准备；

（2）交通部门做好道路融雪准备；

（3）农牧区要备好粮草。

2. 雪灾橙色预警信号

橙色图标含义：6 小时内可能出现对交通或牧业有较大影响的降雪，或者已经出现对交通或牧业有较大影响的降雪并可能持续。

防御指南：

（1）相关部门做好道路清扫和积雪融化工作；

（2）驾驶人员要小心驾驶，保证安全；

（3）将野外牲畜赶到圈里喂养；

其他同雪灾黄色预警信号。

3. 雪灾红色预警信号

红色图标含义：2小时内可能出现对交通或牧业有很大影响的降雪，或者已经出现对交通或牧业有很大影响的降雪并可能持续。

防御指南：

（1）必要时关闭道路交通；

（2）相关应急处置部门随时准备启动应急方案；

（3）做好对牧区的救灾救济工作；

其他同雪灾橙色预警信号。

不同的天气，动物的反应也不同

一到夏天，天气就变得不稳定起来，经常会突发雷阵雨天气，变幻莫测的天气让气象工作人员有时都难以作出准确判断。但我们仍然可以根据人们长期以来总结的规律，从一些动物的活动变化中大致了解天气的变化。

当天气即将转阴雨的时候，黄鹂鸟会发出类似猫叫的声音；夏秋季节，日出或黄昏时，猫头鹰两三声连叫，并在树枝东跳西跳，很不安宁，叫声低沉像哭泣，这是天将下雨的征兆。

蜜蜂最适宜于天气晴朗气压较高的情况下飞行。另外，天气愈好，植物花蕊分泌的甜汁愈多，诱惑蜜蜂的能力也愈大。早晨蜜蜂都出窝采蜜，则天气晴，傍晚迟迟不回窝，第二天继续晴朗，反之，则预示阴雨将来临。

蝉的叫声是由它腹部的薄膜振动而发出的。据一般观察，夏天由雨转晴前两小时左右，蝉就叫，而晴天转阴雨时，蝉不叫。这是因为下雨前，它的发音薄膜潮湿，振动不灵。相反，天气转好，空气干燥，薄膜振动有力。

天气转坏时，蚂蚁显得非常忙碌，有的忙于往高处搬家，有些则来回运土垒窝。一般说，垒窝越高，降水也就越大。还有一种大黑蚂蚁垒的窝，往往在次日风的来向部分垒得高些。

闻花香，识天气

动物可预报天气，这是不少人已经知道的。然而科学研究表明，温度对花香的散发也有影响。

南宋诗人陆游曾写过诗句："花气袭人知骤暖，鹊声穿树喜新晴"，借用"花气袭人"的物候现象来推测"骤暖"的气象情况，堪称一流的"天气预报词"。

日常生活中也能发现这样的现象：如气温较高，便可随处闻到浓郁的花香，令人心旷神怡；而在气温较低时，花的香气就淡得多，只能在花朵附近嗅到。

研究表明，大多数花卉之所以会散发出香气，是因花瓣里含有一种油细胞，能不停分泌出芳香油的分子，扩散到空气中。

而在风力、湿度和空气悬浮物等环境因素相同时，温度是决定芳香油分子扩散速度快慢的主要因素。如果温度升高，芳香油分子的运动速度便加快，扩散起来就更快。

当然，不同的花卉品种因本身分泌的芳香油分子的密度有差别，扩散的快慢和远近也各有不同。

秋冬逆温是如何形成的

我国属东亚季风气候区，秋冬季冷空气活动频繁。

当冷空气入侵某地时，近地层空气温度就会降得很低，这样便容易出现气温随高度增加而升高的现象，导致空气"脚重头轻"，气象学称这种现象叫"逆温"，发生逆温的大气层叫"逆温层"。

产生逆温的原因

（1）辐射逆温：经常发生在晴朗无云的夜空，由于地面有效辐射很强，近地面层气温迅速下降，而高处大气层降温较少，从而出现上暖下冷的逆温现象。这种逆温黎明前最强，日出后自上而下消失。

（2）平流逆温：暖空气水平移动到冷的地面或气层上，由于暖空气的下层受到冷地面或气层的影响而迅速降温，上层受影响较少，降温较慢，从而形成逆温。主要出现在中纬度沿海地区。

（3）地形逆温：它主要由地形造成，主要在盆地和谷地中。由于山坡散热快，冷空气循山坡下沉到谷底，谷底原来的较暖空气被冷空气抬挤上升，从而出现气温的倒置现象。

（4）下沉逆温：在高压控制区，高空存在着大规模的下沉气流，由于气流下沉的绝热增温作用，致使下沉运动的终止高度出现逆温。这种逆温多见于副热带反气旋区。它的特点是范围大，不接地而出现在某一高度上。这种逆温因为有时像盖子一样阻止了向上的湍流扩散，如果延续时间较长，对污染物的扩散会造成很不利的影响。

0℃天气需注意

0℃，是心脑血管病人的"多事之秋"。每年的 11 月到来年的 3 月，是一年中心脑血管病猝死高峰的月份。因为骤冷，血压会突然升高，使原来硬化脆弱的小动脉因承受不了强大的内压而被"引爆"，发生脑出血；因为乍寒，使血液黏稠还来不及自我调节，血液便在粗糙、细小的动脉内流速减缓，容易形成小的血栓，造成脑血管堵塞或心肌梗塞。于是，许多人在这个"多事之秋"与世长辞。0℃传递给人们一个体温调适的信息。0℃伊始，天气乍冷，作为恒温动物的人都有相应的调温反应。只是敏感程度不同而已。要是能抓住0℃这个信息，及早添衣保暖，创造一个微小的"衣服气候"，使不会因体温中枢调节不到"位"，而使机体招来横祸。0℃也是调整治疗保健措施的信息。秋末冬初的0℃，是气温骤变的信号，心血管病人最好能测量血压，调整降压药，保持血压稳定，还应适当增加些减少血液黏稠度的活血药，使血液稀释，畅通无阻。0℃又是春捂的"警戒"信号。0℃早春，白天再热也不宜过早地脱掉棉衣，因为对于乍热，孱弱的身体同样需要一个漫长的习惯过程，这就是来年三四月份何以又有一个心脑血管病高峰的气象因素，也是春天何以要"捂"的缘由之一。

白露身不露，寒露脚不露

谚云："白露身不露，寒露脚不露。"这句谚语提醒大家：白露节气一过，穿衣服就不能再赤膊露体；寒露节气一过，应注重足部保暖。

"白露"之后气候冷暖多变，特别是一早一晚，更添几分凉意。如果这时候再赤膊露体，穿着短裤，就容易受凉诱发伤风感冒或导致旧病复发。体质虚弱、患有胃病或慢性肺部疾患的人更要做到早晚添衣，睡觉莫贪凉。秋天病菌繁殖活跃，加之气候比较干燥，易造成病毒、细菌等病原微生物的传播，所以，秋季是呼吸道疾病的多发季节。寒露过后，气候冷暖多变、昼夜温差变化较大，稍不注意，就易着凉伤风，诱发上呼吸道感染。此外，患有慢性胃病的朋友，生活中也应尽量注意保暖，避免因腹部受凉而导致胃病复发或加重。

寒露后入夜更是寒气袭人。"寒露脚不露"告诫人们寒露过后，要特别注重脚部的保暖，切勿赤脚，以防"寒从足生"。因为两脚离心脏最远，血液供应较少，再加上脚的脂肪层很薄，因此，保温性能差，容易受到冷刺激的影响。研究发现，脚与上呼吸道黏膜之间有着密切的神经联系，一旦脚部受凉，就会引起上呼吸道黏膜毛细血管收缩，纤毛运动减弱，人体抵抗力下降，因此，足部保暖格外重要。寒露过后除了要穿保暖性能好的鞋袜外，还要养成睡前用热水洗脚的习惯，热水泡脚除了可预防呼吸道感染性疾病外，还能使血管扩张、血流加快，改善脚部皮肤和组织营养，可减少下肢酸痛的发生，缓解或消除一天的疲劳。

火烧云是如何形成的

清晨，太阳刚刚出来的时候，或者傍晚太阳落山的时候，天边的云彩常常是通红的一片，像火烧的一样。人们把这种通红的云，叫做火烧云，又叫早霞和晚霞。有时候，没有云，天边也会出现火红的颜色，这叫火烧天。

那么，火烧云是怎样形成的呢？

我们已经知道太阳是由红、橙、黄、绿、青、蓝、紫七色光混合成的。这几种颜色的光中，红光穿过空气层的本领最大，橙、黄、绿光次之，青、蓝、紫光最差。天上没有云的时候，悬在空中的雨滴少；中午空气层较薄，太阳光里的红、橙、黄、绿几种色光几乎全部通过，只把青、蓝、紫几种色

早霞

光拦住，而这几种光中，又数蓝色光反射的最多，所以把整个天空染成了蓝色。

清晨太阳从东方升起，或者傍晚太阳落山的时候，太阳光射到地面上，穿过的空气层要比中午太阳当顶的时候厚一些。太阳光中的黄、绿、青、蓝、紫几种光，在空气层里行走没有多远就已经筋疲力尽，不能穿过空气层。只有红、橙色光可以穿过空气层探出头来，将天边染成红色。

火烧云可以预测天气，民间流传的谚语"早烧不出门，晚烧行千里"，就是说，火烧云或火烧天如果出现在早晨，天气可能会变坏；出现在傍晚，第二天准是个好天气。

有关天气的谚语

　　许多关于天气的预测的通过看日历里的关键日期来测定的。有关按照日历里的具体时间来测定天气的谚语。如"上看初二三，下看十五六"、"坏了初二三，半月不得干"、"要知未来瘫不瘫（雨），就看农历二十三"、"月逢初四雨，一月晴九天"、"大旱难逃五月十三"、"六月六晒龙袍，淋破龙袍反晒四十五天"等。那么古人们又是怎么按照日历里的关键日总结出那么多的谚语呢？

　　原来古人们经过长时间的观测总结发现，冷暖气团经常会在农历的一些固定日期出现。农历与月相的变化有密切的联系，月亮的朔、望和大气、海洋的引潮力周期性变化密切相关，冷暖气团会在农历的某些固定日期相对活跃，进而使天气也发生变化。

3 个月韵律测气候

　　气象学上把在相距一定的时间两种天气气候之间存在的变化联系叫做韵律。其实，许多预测天气的谚语就是属于韵律性质的。

　　一般 3 个月的韵律表现为季节之间的联系，例如：

　　（1）"春雨贵如油，夏雨遍地流"、"发尽桃花水，必是旱黄梅"

　　（2）"大暑不雨，秋天旱"、"夏寒秋长"

　　（3）"秋水纷纷，冬雪满天"、"秋有旱，冬有冰"

　　（4）"寒水枯，春水多"、"打冬雷，落春雨"

　　（5）"春雪百日雨"、"春季无大风，夏季雨水穷"

这些谚语就反映了各季节气候之间一些特定的联系，气象工作者一般在利用这些谚语作气候预测之前，会对它们进行大量的考证工作，然后再以此作为气候预报的一种判据。

5个月韵律测气候

还有很多的天气谚语反映的是5个月的天气气候变化和联系，也就是大约相隔一个季节。例如：

（1）"不得春风，难得秋雨"、"春有几次大风，秋有几次大雨"、"九里一场风，伏里一场雨"

（2）"三九欠东风，黄梅无大雨"、"九九南风伏里旱"、"四九南风伏里旱"。

从以上谚语可以看出，人们可以根据冬春的天气活动来预测5个月之后的降水天气。有人曾专门对天气谚语进行过验证，通过对1月份冷空气活动的观察记录，来预测6月份的降水情况，结果预测的准确率高达88%。以此判断，用5个月韵律预测气候变化的准确性还是很高的。

看雨测天

人们还发现，雨、雪天气出现的早晚、强度及方位，都可以反映出一定的天气形势，因而人们也能通过对雨雪情况的判断来推测天气的变化情况。

如人们通过对下雨的大小总结出的谚语"雨前毛毛没大雨，雨后毛毛没晴天"，就是指如果一开始就降的是毛毛小雨，那么着一场雨就不会下大，但是如果刚刚还降大雨，最后却转成了毛毛小雨，那么在接下来的几天可能还会继续下雨，不会那么容易就转晴。

还有一些是通过下雨的时间总结出的谚语"开门雨，下一指；闭门雨，下一丈"、"早落雨，晚砍柴；晚落雨，穿雨鞋"，也就是说如果是清晨开始下雨，那么它的降雨时间会很短，雨量也会很小，如果是傍晚前后下雨，那么它的降雨时间就会很长，雨量也会很大。谚语"雨下中，两头空"，是指如果是在中午下的雷雨，那么它才的时间很很短，而且在它之前的早上和之后的晚上都是晴天。"久雨傍晚晴，一定转晴天"，说的是如果长时间的阴雨天气在傍晚前后停止转晴，那么阴雨天气就会马上过去，在下来的时间里会是一段晴天。

闻雷测天

人们还可以通过雨前的雷声来预测天气状况，如谚语"雷公先唱歌，有雨也不多"，就是说，如果在没下雨之前就已经是雷声隆隆了，那么接下来的雨就不会下大。因为这样的雨一般是由于局部地区受热不均匀等热力原因形成的热雷雨，一般都不会有太大的雨量，时间也会很短，局部性很强，所以经常出现"夏雨隔条河，这边下雨，那边晒日头"的现象。

有一些是根据打雷和下雨的先后时间来判断的，如"先雨后雷下大雨，不紧不慢连阴雨"，是指如果是先下雨后打雷，就预示着有暴雨要来临，但是雷声在下雨的过程中不紧不慢、打打停停，就会出现连续的阴雨天气。

而根据雷声的方位和大小也可以判断出雨的大小，如谚语"西南雷轰隆，大雨往下冲"，是指如果雷暴慢速的起于西南方位，接下来就会有势猛、长时的大雨。"西北雷声响，霎时雨滴滴"，是指如果西北方雷雨来得很快，风力大，有红云时还会降冰雹。还有诸如"东北方响雷，雨量不大"、"东南雷声响，不见雨下来"，也都是根据打雷的方位和大小来判定雨量大小的。

看雾测天

人们会经常看到大雾天气现象，但是很少有人知道它的出现也会预示着要会什么样的天气。特别是冬春，在晴朗微风的夜晚，地表附近气层里水汽含量较多，水汽凝结成雾，或是冷气团移向暖湿的地面时，也会形成雾。

其实我们可以通过雾的颜色来推测接下来的天气，如谚语"白茫茫雾晴，灰沉沉雾雨"，就是指如果天空出现的是白茫茫的雾，那么接下来就会是晴天的出现，如果大雾是灰沉沉的颜色，就预示着有雨天要来。和"久晴西风雨，久雨西风晴"有异曲同工之妙的谚语还有"久晴大雾雨，久雨大雾晴"，也就是说如果是久晴之后出现大雾的天气，就会有阴雨的天气要到来，而如果是连绵的阴雨天气之后出现了大雾的天气，那么接下来天气就会转晴。因为当空气中水汽较少时，就不易形成大雾，如有大雾出现，表明有暖湿空气移来，北方冷空气影响时，会转阴雨。而久雨之后，当地已被冷空气所控制，如果早晨出现大雾，就说明有暖空气到来，阴雨就会很快的结束转晴。

而不同季节出现的大雾，所预示的天气也是不一样的。如谚语"春雾雨，夏雾热，秋雾凉风，冬雾雪"，就是指如果是在春天出现大雾，天就会转阴雨；如果是夏天出现大雾，那么等消散后天气就会晴热；如果是秋天有雾，就说明有冷空气的到来，会出现连续有雨；而如果是冬天有大雾，就表明最近要下雪。

为什么会有"春困"的说法

　　春暖花开，气候宜人，暖洋洋的天气，却常使人感到懒洋洋的，即使晚上有充足的睡眠，白天仍精神不振，昏昏欲睡。这就是人所说的"春困"。春困不是病，它是人体生理机能随自然季节变化和气温高低的转换而发生相应调节的一种短暂生理现象。冬天，人体为了适应寒冷的环境，保护体内的温度而防止热量散发，皮肤和微细血管处于紧张收缩状态，维持机体的生理恒温和中枢神经系统兴奋信息增多，因此人的大脑比较清醒。而春天，气温适中，皮肤和肌肉微细血管处于弛缓舒张的状态，血流缓慢，体表血液供应量增加，流入大脑的血液就相应减少，中枢神经系统的兴奋性刺激信息减弱，于是出现昏沉欲睡的"春困"现象。"春困"虽然是自然气候因素作用于人体的结果，是不可避免的，但只要顺应人体自然变化规律，遵循春季养生原则，注意自我保健和调理，是可以减轻甚至克服的。俗话说，早睡早起精神好，这一良好习惯的养成有助于提高夜间睡眠的质量，保证有充足睡眠时间，有助于消除疲劳，减少白天的困倦现象。春天亦不宜过多"开夜车"，以免诱发或加重春困。还要注意居室空气的新鲜流通。室内空气不通，氧气含量减少，二氧化碳等有害气体增多，会助长"春困"发生，使人感到头晕困乏。所以，经常打开窗，保持室内新鲜空气，不仅对防治"春病"有利，对克服"春困"也有作用。春天阳气生发，辛甘之品有助于升阳，温食有助于护阳，姜、葱、韭菜宜适度进食，黄绿色蔬菜如胡萝卜、菜花等宜常吃。寒凉、油腻、粘滞的食物，易伤脾胃阳气，应尽量少食。还可增加一些富含苯乙胺、咖啡因的食物，诸如绿菜、咖啡、香蕉、巧克力等，能兴奋神经系统，消除疲劳，防止困倦。另外，体育锻炼可以大大加快脑处理信息的反应速度，能有效地防止春困。可选择轻柔舒缓的活动项目，如快走、慢跑、广播操、太极拳等。同时，可去郊外春游，呼吸新鲜空气，改善大脑皮质功能，使人心情舒畅，精神振奋。另外，外界视觉、光线等适度刺激有助于改变人体的内在节奏，使大脑中枢神经迅速进入清醒状态，从而使困倦得以消除。

秋高气爽防秋乏

在不同的气温、湿度、气压等综合气象条件下，人体会有不同的反应，这种生理变化实际上是身体机能的一种自动调节，以维持肌体的平衡。

秋季，气候凉爽宜人，人体出汗减少，体热的产生和散发以及水盐代谢也逐渐恢复到原有的平衡状态，人体也因此感到非常舒适，处于松弛的状态，不过肌体却有一种莫名的疲惫感。这种状况就是"秋乏"。它是补偿盛夏季节带给人体超常消耗的保护性反应，也是肌体在秋季气象环境中得以恢复的保护性措施。

虽然经过一段时间的调整与适应，秋乏会自然而然地消除，但为了不至于因此而影响工作和生活，最好还是采取相应的防治措施。

首先是进行适当的体育锻炼，增强体质。但秋季锻炼一开始强度不宜过大，应视身体状况逐渐增强，切不可过度运动，否则将会增加身体的配备感，反而不利于身体恢复。

其次，保证充足的睡眠。睡眠不仅能恢复体力，保证健康，还是提高身体免疫机能的一个重要手段。所以要遵照人体生物钟的运动规律，养成良好的睡眠习惯，做到起居有常。